Spring Boot 项目化教程

微课视频版

◎ 徐舒 编著

清华大学出版社
北京

内容简介

本书借助 AI 助手完成一个完整的博客项目，书中不仅传授 Spring Boot 这一强大框架的核心技能，还生动展示了人工智能技术如何变革编程学习体验。全书共 10 章，内容包括 Spring Boot 概述、RESTful API 开发、Spring Boot 的核心概念、数据访问、缓存、日志、测试、安全、利用 AI 工具学习 Spring Boot 和综合应用等知识，每章都配有实践代码示例，确保理论与实践紧密结合。

本书面向编程初学者与中级开发者，旨在深入浅出地讲解关键编程概念和技术，通过实例演练帮助读者快速掌握并提升编程技能。无论是学生、自学者还是希望扩展技能的专业程序员，都能从中获益。本书非常适合作为高等院校各类专业课程的教材，也可以作为编程爱好者自学的辅导书。

版权所有，侵权必究。举报：010-62782989，beiqinquan@tup.tsinghua.edu.cn。

图书在版编目（CIP）数据

Spring Boot 项目化教程：微课视频版/徐舒编著. -- 北京：清华大学出版社，2025.3.
（21 世纪新形态教·学·练一体化系列丛书）. -- ISBN 978-7-302-68614-9

Ⅰ. TP312.8

中国国家版本馆 CIP 数据核字第 2025Q6Q778 号

责任编辑：陈景辉　薛　阳
封面设计：刘　键
责任校对：王勤勤
责任印制：丛怀宇

出版发行：清华大学出版社
网　　址：https://www.tup.com.cn，https://www.wqxuetang.com
地　　址：北京清华大学学研大厦 A 座　　　邮　编：100084
社 总 机：010-83470000　　　邮　购：010-62786544
投稿与读者服务：010-62776969，c-service@tup.tsinghua.edu.cn
质量反馈：010-62772015，zhiliang@tup.tsinghua.edu.cn
印 装 者：三河市天利华印刷装订有限公司
经　　销：全国新华书店
开　　本：203mm×260mm　　　印　张：14　　　字　数：372 千字
版　　次：2025 年 3 月第 1 版　　　印　次：2025 年 3 月第 1 次印刷
印　　数：1～1500
定　　价：59.90 元

产品编号：105733-01

Spring Boot 通过简化 Java 应用程序的开发流程，提供了快速、高效的解决方案，使开发者能够专注于业务逻辑而非烦琐的配置。其强大的生态系统和与现代开发实践的一致性使其在微服务架构等各种应用场景下具有巨大的价值。Spring Boot 已成为构建企业级 Java 应用程序的标准框架，学习 Spring Boot 不仅可以提升个人技术竞争力，也能提升团队协作效率。

传统 Spring Boot 课程常面临理论与实践分离、学习难度大和缺少综合实践项目等挑战，难以让学生实现从零到一构建完整应用。人工智能，尤其是以 ChatGPT 为首的大模型 AI，为学习编程课程带来了全新的体验，成为一种新的学习范式。结合 AI 工具的个性化和交互式学习，可以显著提升掌握 Spring Boot 的速度和效率。本书将展示如何利用 ChatGPT 等 AI 工具，高效完成博客项目，使学习 Spring Boot 变得更加便捷和高效。

本书主要内容

本书共分为 10 章，各章主要内容如下。

第 1 章详细介绍了 Spring Boot 的基本概念，以及如何使用集成开发环境。通过简单的案例，向读者展示了 Spring Boot 项目的结构，帮助读者建立起对 Spring Boot 的基本理解。

第 2 章介绍了 RESTful API 的概念、设计原则以及在 Spring Boot 中的实践方法。

第 3 章介绍了 Spring Boot 的核心概念，包括三层架构、依赖注入和自动配置等，帮助读者更轻松地构建应用程序。

第 4 章探讨了数据访问层，包括与数据库交互的方法、常见的数据访问模式以及在 Spring Boot 中实现数据访问的最佳实践。

第 5 章介绍了缓存的概念、作用以及在 Spring Boot 中如何使用缓存提升应用性能，包括常见的缓存策略和与 Spring Boot 集成的方式。

第 6 章探讨了日志管理，包括日志的重要性、常见的日志框架、在 Spring Boot 中配置和使用日志的方法，以及如何通过日志记录和分析提高应用程序的可维护性和性能。

第 7 章详细介绍了测试，包括单元测试、集成测试和端到端测试等各种类型的测试方法。通过介绍 Spring Boot 中常用的测试框架和工具，以及编写和运行测试的最佳实践，帮助读者确保应用程序的稳定性和可靠性。

第 8 章详细讨论了安全性，包括认证和授权等方面的内容。通过介绍 Spring Boot 中常用的安全机制和最佳实践，帮助读者了解如何保护应用程序免受各种安全威胁。

第 9 章详细介绍了使用 ChatGPT、"通义灵码"等 AI 工具来学习 Spring Boot 的方法。这些工具通过提供即时、个性化的指导，帮助读者快速提高学习效率。通过开发博客平台，读者将理论应用于实际，亲身体验 Spring Boot 的灵活性和强大功能，同时领略 AI 在软件开发中的创新应用。

本书不仅激发读者的编程热情,更鼓励他们站在技术发展的前沿,探索编程教育的新趋势,利用 AI 工具提高学习效率,为未来的技术挑战做好准备。

第 10 章通过一个综合应用,演示如何利用 AI 工具辅助完成一个完整的博客项目。从项目规划、需求分析到技术选型、开发实现,展示如何结合 AI 工具,提供实时、个性化的技术支持和解决方案,以加速项目开发进程并确保项目质量。通过这一案例,读者将能够全面了解 Spring Boot 在实际项目中的应用,以及如何利用 AI 工具提升开发效率和项目成功率。

读者在使用本书时,可以根据自己的学习方式灵活选择学习内容,既可以按照书中的顺序学习,也可以选择先学习第 9 章,了解 AI 技术,并借助 AI 辅助学习。对于第 5~8 章内容,则可以根据兴趣和需要选择性学习,以满足个人学习目标。

本书特色

(1) AI 工具辅助学习。利用 AI 工具,为学习 Spring Boot 提供即时、个性化支持,强调自主实践,以满足不同读者的学习需求。

(2) 系统化知识体系。采用设计思想,建立一个全面的学习体系。通过项目化教学,系统培养学生的编程思维、开发能力,以及解决实际问题的能力和团队协作能力。

(3) 提供新技术及应用。采用 Spring Boot 3.x 和 Spring Security 6.x 等新技术,深入探讨新特性和改进,确保技术知识的前沿性。

本书配套资源

为了便于教师教学和学生自学,本书配有微课视频、源代码、教学课件、教学大纲、教案、教学日历、期末试卷及答案。

(1) 教学视频获取方式:读者可以先扫描书本封底的文泉云盘防盗码,再扫描书中相应的视频二维码,观看教学视频。

(2) 源代码和全书网址获取方式:先扫描书本封底的文泉云盘防盗码,再扫描下方二维码,即可获取。

源代码

全书网址

(3) 其他配套资源获取方式:扫描书本封底的"书圈"二维码下载。

读者对象

本书是一本全面的 Spring Boot 学习资源书籍,适合高校学生、自学者、工程师、开发人员以及技术爱好者阅读学习,旨在为初学者提供系统的学习框架和相关技术知识体系,从而帮助读者打下坚实的职业基础。同时,它还可以作为技术培训机构的教材,能够有效地培养学生的求职竞争力。

在本书的编写过程中得到武汉大学易凡教授、武汉理工大学刘岚教授、LIMOS 实验室 Jean Connier 博士、互联网公司的工程师张金龙、陆奎良、余倩、王健、杨汉、洪自华等的指导和帮助。在此,衷心地感谢各位给予的帮助和支持。

在本书的编写过程中,作者参考了诸多相关资料,在此对相关资料的作者表示衷心的感谢。

限于个人水平和时间仓促,书中难免存在疏漏之处,欢迎广大读者批评指正。

作 者

2025 年 1 月

CONTENTS 目录

第 1 章 Spring Boot 概述 ………………………………………………………… 1

1.1 Spring Boot 简介 …………………………………………………………………… 1
    1.1.1 Spring Boot 基础 ……………………………………………………………… 1
    1.1.2 Spring Boot 与 Web 开发 …………………………………………………… 1
1.2 创建第一个项目 ……………………………………………………………………… 2
    1.2.1 安装和配置开发工具 ………………………………………………………… 2
    1.2.2 创建项目 ……………………………………………………………………… 3
1.3 项目结构和代码解析 ………………………………………………………………… 8
    1.3.1 项目结构解析 ………………………………………………………………… 8
    1.3.2 入口程序代码解析 …………………………………………………………… 9
1.4 控制器 ………………………………………………………………………………… 10
    1.4.1 控制器的概念 ………………………………………………………………… 10
    1.4.2 设计控制类 …………………………………………………………………… 11
1.5 综合案例:简单博客项目的实现 …………………………………………………… 13
    1.5.1 案例描述 ……………………………………………………………………… 13
    1.5.2 案例实现 ……………………………………………………………………… 13
    1.5.3 案例总结 ……………………………………………………………………… 15
习题 1 ……………………………………………………………………………………… 15

第 2 章 RESTful API 开发 ……………………………………………………… 16

2.1 RESTful 的概念和设计原则 ………………………………………………………… 16
    2.1.1 RESTful 简介 ………………………………………………………………… 16
    2.1.2 RESTful 的核心概念 ………………………………………………………… 17
2.2 请求和响应处理 ……………………………………………………………………… 21
    2.2.1 控制器和请求映射 …………………………………………………………… 21
    2.2.2 请求路径和请求参数处理 …………………………………………………… 23
    2.2.3 响应处理 ……………………………………………………………………… 25
2.3 API 测试 ……………………………………………………………………………… 32

2.4 综合案例:RESTful 风格重构博客项目 ………………………………………………… 34
　　2.4.1 案例描述 ………………………………………………………………………… 34
　　2.4.2 案例实现 ………………………………………………………………………… 35
　　2.4.3 案例总结 ………………………………………………………………………… 37
习题 2 …………………………………………………………………………………………… 38

第 3 章　Spring Boot 的核心概念 ……………………………………………………………… 39

3.1 三层架构 ……………………………………………………………………………… 39
　　3.1.1 表现层 …………………………………………………………………………… 40
　　3.1.2 业务逻辑层 ……………………………………………………………………… 40
　　3.1.3 数据访问层 ……………………………………………………………………… 41
3.2 控制反转与依赖注入 ………………………………………………………………… 43
3.3 自动配置 ……………………………………………………………………………… 46
3.4 依赖管理 ……………………………………………………………………………… 48
　　3.4.1 Starter 依赖 ……………………………………………………………………… 48
　　3.4.2 父 POM 管理 …………………………………………………………………… 48
3.5 综合应用:博客项目的三层架构重构 ………………………………………………… 50
　　3.5.1 案例描述 ………………………………………………………………………… 50
　　3.5.2 案例实现 ………………………………………………………………………… 50
　　3.5.3 案例总结 ………………………………………………………………………… 54
习题 3 …………………………………………………………………………………………… 54

第 4 章　数据访问 ……………………………………………………………………………… 55

4.1 Spring Data JPA ……………………………………………………………………… 55
　　4.1.1 Spring Data JPA 简介 …………………………………………………………… 55
　　4.1.2 实体映射 ………………………………………………………………………… 56
　　4.1.3 Repository 接口 ………………………………………………………………… 58
4.2 事务管理 ……………………………………………………………………………… 61
　　4.2.1 事务管理的概念 ………………………………………………………………… 61
　　4.2.2 声明式事务管理 ………………………………………………………………… 61
4.3 综合案例:博客项目的数据访问 ……………………………………………………… 64
　　4.3.1 案例描述 ………………………………………………………………………… 64
　　4.3.2 案例实现 ………………………………………………………………………… 66
　　4.3.3 案例总结 ………………………………………………………………………… 70
习题 4 …………………………………………………………………………………………… 70

第 5 章　缓存 …………………………………………………………………………………… 71

5.1 缓存基础 ……………………………………………………………………………… 71
　　5.1.1 缓存简介 ………………………………………………………………………… 71

  5.1.2 Spring Boot 对缓存的支持 …… 72
  5.1.3 缓存注解 …… 73
 5.2 综合案例：新增获取热门帖子的功能 …… 77
  5.2.1 案例描述 …… 77
  5.2.2 案例实现 …… 77
  5.2.3 案例总结 …… 81
 习题 5 …… 81

第 6 章 日志 …… 82

 6.1 日志框架简介 …… 82
  6.1.1 日志的概念与作用 …… 82
  6.1.2 Spring Boot 日志体系 …… 83
  6.1.3 基本日志记录 …… 83
 6.2 日志消息分析与理解 …… 85
  6.2.1 日志结构 …… 85
  6.2.2 日志级别 …… 86
 6.3 日志设计 …… 87
  6.3.1 日志需求 …… 87
  6.3.2 选择合适的日志框架和配置 …… 87
  6.3.3 实施日志记录 …… 88
 6.4 面向切面编程 …… 88
  6.4.1 AOP 概述 …… 88
  6.4.2 AOP 的关键概念 …… 89
  6.4.3 Spring Boot 应用 AOP …… 90
 6.5 综合应用：新增日志功能 …… 92
  6.5.1 案例描述 …… 92
  6.5.2 案例实现 …… 92
  6.5.3 案例总结 …… 95
 习题 6 …… 95

第 7 章 测试 …… 96

 7.1 测试基础 …… 96
  7.1.1 测试的重要性 …… 96
  7.1.2 测试类型 …… 96
 7.2 Spring Boot 测试框架 …… 97
  7.2.1 Spring Boot 测试框架的主要组成部分 …… 97
  7.2.2 测试框架与应用程序的集成 …… 98
 7.3 单元测试 …… 99
  7.3.1 JUnit 基础 …… 99

7.3.2　Mockito 基础 …………………………………………………………… 100
　　7.3.3　Spring Boot 项目中使用 JUnit 和 Mockito ……………………………… 102
7.4　集成测试 ……………………………………………………………………………… 106
　　7.4.1　数据访问层集成测试 …………………………………………………… 106
　　7.4.2　服务层集成测试 ………………………………………………………… 108
　　7.4.3　控制器集成测试 ………………………………………………………… 110
7.5　测试驱动开发 ………………………………………………………………………… 114
　　7.5.1　测试驱动开发理念 ……………………………………………………… 114
　　7.5.2　Spring Boot 项目开展 TDD ……………………………………………… 114
7.6　综合案例：博客项目的测试 ………………………………………………………… 117
　　7.6.1　案例描述 ………………………………………………………………… 117
　　7.6.2　案例实现 ………………………………………………………………… 117
　　7.6.3　案例总结 ………………………………………………………………… 123
习题 7 ……………………………………………………………………………………… 123

第 8 章　安全 …………………………………………………………………………… 124

8.1　Spring Security 基础 ………………………………………………………………… 124
　　8.1.1　认证和授权的基本概念 ………………………………………………… 124
　　8.1.2　Spring Security 的核心概念 …………………………………………… 125
　　8.1.3　安全配置 ………………………………………………………………… 126
8.2　认证 …………………………………………………………………………………… 131
8.3　授权 …………………………………………………………………………………… 135
　　8.3.1　授权的基本概念 ………………………………………………………… 135
　　8.3.2　授权的工作原理 ………………………………………………………… 135
　　8.3.3　授权配置 ………………………………………………………………… 136
8.4　防护措施 ……………………………………………………………………………… 148
　　8.4.1　CSRF 防护 ……………………………………………………………… 148
　　8.4.2　JWT ……………………………………………………………………… 148
8.5　综合应用：博客系统的安全设计 …………………………………………………… 155
　　8.5.1　案例描述 ………………………………………………………………… 155
　　8.5.2　案例实现 ………………………………………………………………… 155
　　8.5.3　案例总结 ………………………………………………………………… 162
习题 8 ……………………………………………………………………………………… 163

第 9 章　利用 AI 工具学习 Spring Boot ……………………………………………… 164

9.1　AI 工具简介 …………………………………………………………………………… 164
　　9.1.1　ChatGPT 介绍 …………………………………………………………… 164
　　9.1.2　GitHub Copilot 介绍 ……………………………………………………… 165
　　9.1.3　通义灵码介绍 …………………………………………………………… 165

9.2 AI 工具辅助学习 Spring Boot ... 165
9.2.1 安装通义灵码 ... 165
9.2.2 使用通义灵码编程助手 ... 166
9.2.3 使用 AI 工具的建议 ... 172
9.3 综合案例:利用 AI 助手完成博客系统设计 ... 173
9.3.1 案例描述 ... 173
9.3.2 案例实现 ... 173
9.3.3 案例总结 ... 177
习题 9 ... 177

第 10 章 综合应用 ... 178
10.1 敏捷开发简介 ... 178
10.1.1 敏捷开发的核心理念 ... 178
10.1.2 敏捷开发的基本步骤 ... 179
10.1.3 制定产品 Backlog ... 179
10.2 版本管理 ... 180
10.2.1 版本管理简介 ... 180
10.2.2 Git 的基本使用 ... 181
10.3 综合任务:新增内容审核功能 ... 184
10.3.1 案例描述 ... 184
10.3.2 案例实现 ... 184
10.3.3 案例总结 ... 208
习题 10 ... 209

附录 A ... 210

参考文献 ... 211

视频讲解

Spring Boot概述

随着互联网的迅猛发展,现代软件开发对于高效、快速构建可靠应用的需求变得日益迫切。Spring Boot作为一个创新型的框架,在简化和加速Java应用程序的开发方面表现出色,逐步成为Web应用程序的首选。本章将引领读者踏入Spring Boot的精彩世界,了解其独特的设计理念和功能特性。

1.1 Spring Boot 简介

1.1.1 Spring Boot 基础

Spring Boot是一个开源的Java框架,它的目标是简化和加速Java应用程序的开发过程。它通过引入约定大于配置、自动配置等设计原则,简化了Java开发流程,降低了开发复杂度,提高了开发效率。Spring Boot框架有效地解决了传统Java开发中的烦琐配置问题,简化了各种框架的集成过程,并且能够更敏捷地应对不断变化的业务需求,从而提高了开发效率和响应速度。它使得开发者能够更专注于核心业务逻辑的实现,从而更快速地构建现代化的应用程序。

Spring Boot起源于Spring框架,该框架以依赖注入机制著称,它能有效降低组件耦合,简化开发、测试和维护流程。然而,随着项目规模的扩大,开发者发现Spring框架中的大量配置工作成为一项挑战。为回应这一挑战,Spring Boot应运而生,专注于简化配置,提高开发效率。Spring Boot采用默认配置和"约定大于配置"的原则,减少了烦琐的配置工作,使得开发者能够更迅速、简洁地构建基于Spring的应用程序。总的来说,Spring Boot是在Spring框架的基础上,通过引入自动配置机制和内置的嵌入式Web服务器等方法,使得Spring应用程序更易于构建、部署和维护。

1.1.2 Spring Boot 与 Web 开发

Web是互联网的一个组成部分,它允许用户通过浏览器访问和交互信息与服务。Web由三个基本元素构成：网页、浏览器和服务器。当用户在浏览器地址栏输入网址并按下 Enter 键时，浏览器就会向服务器发起请求。服务器响应这个请求，并将网页内容发送回浏览器，浏览器随后则将这些内容渲染成平时所看到的网页。简而言之，Web 的工作流程可以概括为三个步骤：用户请求、服务器响应、内容展示。

Web 开发是指创建和维护网站的过程，它包括设计用户界面（前端开发），编写处理数据和逻辑的代码（后端开发），以及将网站部署到服务器上供用户访问。通过 Web 开发，可以构建从简单的个人博客到复杂的电子商务平台等各种类型的网站。

传统的 Web 开发涉及复杂的配置和多个技术步骤，包括手动设置服务器、配置文件和处理复杂的依赖关系等。而 Spring Boot 的出现极大地简化了这一过程，它自动配置了许多常见任务，内置了一个嵌入式的 Web 服务器（如 Tomcat），使得开发者只需关注代码编写，而无须手动配置服务器，就能让应用直接运行。Spring Boot 还简化了依赖管理，允许开发者轻松添加所需的 Web 开发库，而无须手动管理每一个依赖。此外，它提供了一系列默认配置，帮助开发者快速启动 Web 应用开发，避免了烦琐的手动配置工作，读者在例 1-1 中可以直观地感受到。

1.2 创建第一个项目

1.2.1 安装和配置开发工具

为了直观地感受 Spring Boot 的巨大优势，创建并运行第一个项目。创建项目的第一步是搭建一个良好的开发环境。安装开发环境的步骤如下。

1. 安装 Java Development Kit（JDK）或 OpenJDK

JDK 包含编译器、调试器、Java 运行时环境（JRE）以及其他用于开发 Java 应用程序的工具和库。自 Java SE 11 版本起，Oracle JDK 对商业用途收费，因此 OpenJDK 成为一个不错的选择。OpenJDK 是一个开源的、免费的 JDK 实现，由 Java 社区共同开发和维护，提供了与 Oracle JDK 相似的功能和性能，可以在多个平台上运行。

选择合适的 JDK 版本非常重要。截至本书定稿，Oracle JDK 最新的版本是 JDK 23。OpenJDK 通常与 Oracle JDK 保持更新同步。鉴于 Spring Boot 3.x 系列要求使用 JDK 17 或更高版本，并且 JDK 17 是最新的长期支持版本，建议读者安装和使用 JDK 17 版本。

2. 安装集成开发环境（IDE）

IDE 集成了各种功能，如代码编辑器、调试器、构建工具和项目管理器，大大简化了软件开发过程。在 Spring Boot 开发领域，IntelliJ IDEA 因提供深度集成和卓越的用户体验而备受青睐。同时，Eclipse STS 和 Visual Studio Code 也通过 Spring Boot 插件支持，满足了不同开发者的个性化需求。选择 IDE 时，应基于项目需求、预算和个人开发习惯来决定。IntelliJ IDEA 的社区版足以应对大多数开发任务，但对于需要更高级功能的项目，可以选择旗舰版。此外，学生、教师和开源项目开发者有机会获得旗舰版的免费授权。综合考虑，本书将采用 IntelliJ IDEA 作为主要的开发工具。

3. 选择构建工具

构建工具是软件开发中的一个自动化助手，它帮助开发者按照既定的流程将代码转换为可运行的软件。在 IntelliJ IDEA 中使用构建工具（如 Maven 或 Gradle）不需要额外安装软件，IDEA 已经内置了对这些构建工具的支持，只需要在创建项目时选定合适的构建工具即可。

4．安装智能编码助手插件

通义灵码（TONGYI Lingma）是由阿里云技术团队开发的一款智能编码助手，它运用先进的人工智能技术来优化软件开发过程，有效提高编程效率并保证代码的高标准质量。智能编码助手的安装和使用可以参考第 9 章。

1.2.2 创建项目

安装好开发环境外，可以从零开始创建项目，具体步骤如下。

1．打开新项目向导

启动 IDEA 后，会显示欢迎界面，在欢迎界面单击 New Project 按钮创建一个新项目，或者通过顶部菜单选择 File→New→Project 选项，都会进入新项目向导。新项目向导如图 1-1 所示。

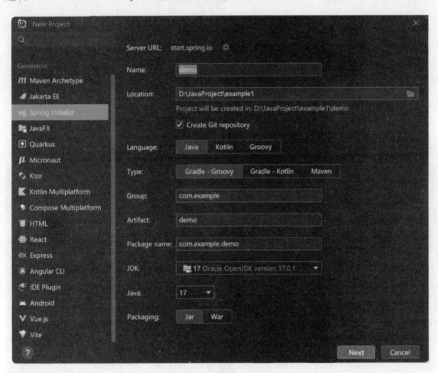

图 1-1　新项目向导

在左侧选择 Spring Initializr 选项进行 Spring Boot 项目配置。

2．配置项目细节

JDK：确保已配置正确的 Java SDK（JDK）。若未发现可用的 JDK 或需升级，单击下拉菜单，从出现的列表中选择所需版本。如果没有合适的版本，选择 Add JDK 选项来指向已安装的 JDK 路径，或选择 Download JDK 选项以在线获取。下载新 JDK 时，选择所需的版本和供应商，单击 Download 按钮并等待 IDEA 自动下载并配置。

Name：为项目输入一个有意义的名称。

Location：指定项目在本地硬盘上的存储路径。

Language：为项目指定开发语言，如果选择 Java 作为主要的编程语言，通常会自动选择与所选 Spring Boot 版本兼容的 Java 版本。如果使用 Kotlin 开发，可以将选项设置为 Kotlin。

Package name：为项目设置默认的包名，通常遵循反域名命名规则，这是一种基于互联网域名的命名方式。顶级域位于最前面，其次是次级域，以此类推，各部分用点（.）分隔，例如 com.example.demo，这里的 com 代表商业组织，example 是组织的一个子领域或项目名，而 demo 则是具体项目或模块的标识。这样的命名方式有助于确保全球唯一性，并避免不同组织间的包名冲突。在项目配置中，group 通常对应项目的包名前缀，用于唯一标识项目所属的组织或域，artifact 则是项目的名称或模块名。例如，包名 com.example.demo，group 通常为 com.example，而 artifact 为 demo。

Type：选择项目的构建工具。当选择 Maven 时，项目将依赖 pom.xml 文件来管理依赖关系和控制构建流程。Maven 基于 XML 配置，遵循"约定优于配置"的原则，对多数 Spring Boot 项目来说是直观且常用的选项。若选用 Gradle，项目会利用 build.gradle 或 build.gradle.kts 文件来管理依赖和构建逻辑。Gradle 使用 Groovy 或 Kotlin 的领域特定语言（DSL），提供更高的灵活性和高效的增量构建功能。

Java：项目使用的 Java 语言版本，如 17、22 等。

Packaging：指定项目生成的输出类型，如 JAR、WAR 或其他可部署的包格式。JAR（Java Archive）是用于封装 Java 类库和资源的通用格式；而 WAR（Web Archive）是专门用于打包 Web 应用程序的，包含 Web 相关的文件如 Servlet、JSP、静态内容和 Web 配置。

配置好项目信息后，单击 Next 按钮，会进入一个新的界面，这里允许开发者添加项目所需的依赖。这个界面通常会显示一个列表，方便选择并添加必要的库或框架，如图 1-2 所示。

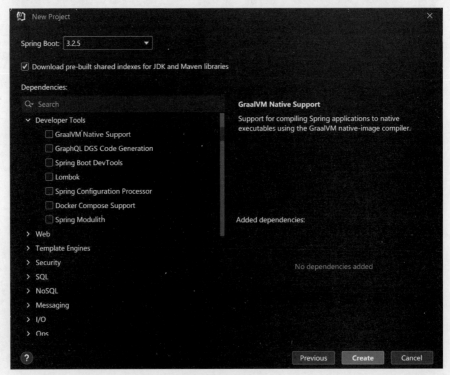

图 1-2　添加依赖

添加依赖：在 Dependencies 区域，根据项目需求选择所需的 Spring Boot Starter 依赖。例如，对于一个 Web 应用，至少应选中 Spring Web 复选框，如图 1-3 所示。

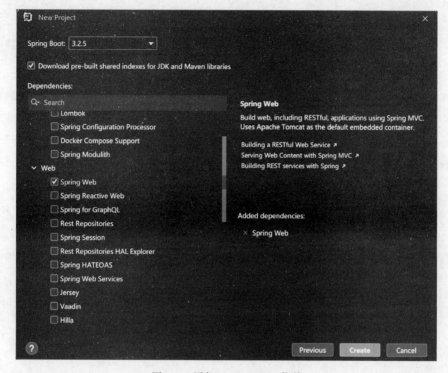

图 1-3　添加 Spring Web 依赖

从图 1-3 可知，添加或移除项目依赖的操作十分简便。例如，添加涉及数据访问、安全功能、消息队列等领域的相关依赖包，只需在提供的依赖列表中选择相应的条目，系统会自动处理其余的配置。

选择好依赖之后，单击 Create 按钮，IDEA 将利用 Spring Initializr 服务在线生成项目的结构，并自动下载所需的依赖项，进而成功创建项目。

3. 运行项目

成功创建项目之后，在项目视图可看到清晰展示的项目结构，包括源代码目录、配置文件、依赖库以及其他的项目组件，如图 1-4 所示。

单击菜单栏上绿色的 Run 按钮（或者使用快捷键 Shift＋F10）来运行配置的 Spring Boot 应用。运行 Spring Boot 项目如图 1-5 所示。IDEA 会自动打开运行窗口，显示 Spring Boot 应用程序的启动日志。

当控制台输出中出现类似"Started［YourApplication］in［time］seconds"这样的日志信息时，表示 Spring Boot 应用程序运行成功。

图 1-4　项目视图

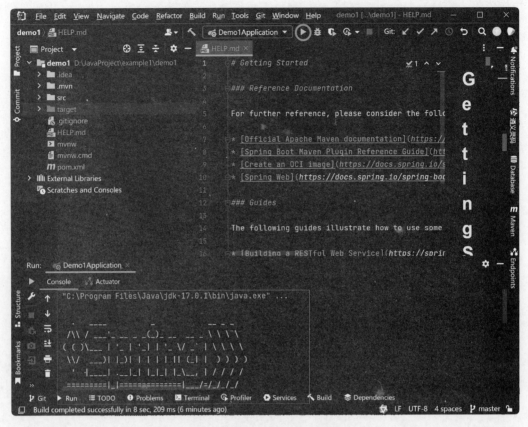

图1-5 运行Spring Boot项目

【例1-1】 创建一个简单的Spring Boot项目,当在浏览器中访问应用时,显示"Hello,world!"。

为了让读者直观感受到运行结果,找到项目资源目录下的static文件夹并右击,选择New→File选项,创建一个简单的index.html文件(通常这个路径是src/main/resources/static),如图1-6所示。

在index.html文件中,添加显示内容"Hello,world!",具体代码如下:

```
<!DOCTYPE html>
<html>
<head>
    <meta charset = "UTF-8">
    <title>Title</title>
</head>
<body>
    <h1>Hello, world!</h1>
</body>
</html>
```

运行程序后,打开浏览器,访问http://localhost:8080(默认端口),会看到"Hello world!",运行结果如图1-7所示。

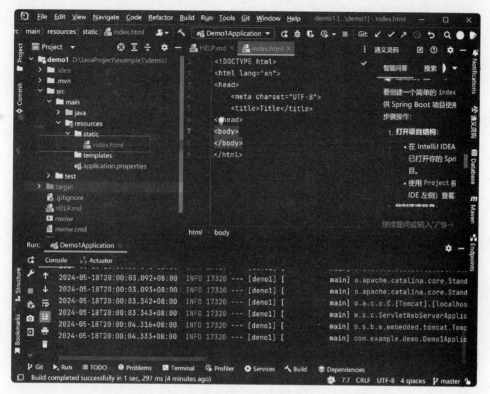

图 1-6 添加 index.html 文件

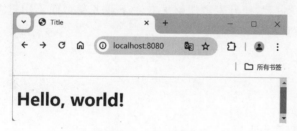

图 1-7 运行结果

"麻雀虽小,五脏俱全",这个项目虽然简单,但是它是一个完整的 Web 项目。只需在浏览器地址栏输入网址并按 Enter 键,浏览器便会向服务器发起请求。服务器响应后,将网页内容传送至浏览器,浏览器随即渲染这些数据,展现出所见到的网页。

通过创建第一个 Spring Boot 项目,读者可以直观地感受到 Spring Boot 框架有以下 6 个优势。

(1) 快速起步。

使用 IntelliJ IDEA 的新建项目向导与 Spring Initializr,能够快速生成一个完整的 Spring Boot 项目结构,包括依赖管理文件、主类、默认的配置文件以及示例代码,体现了 Spring Boot 简化开发流程,降低入门门槛的优势。

(2) 开箱即用。

添加 Spring Boot Starter 依赖后,许多常见功能无须手动编写大量配置代码即可正常使用,体现了 Spring Boot 的依赖自动配置特性。

（3）轻量级容器。

Spring Boot 项目默认使用内嵌的 Servlet 容器，无须单独安装和配置外部服务器，简化了部署流程。

（4）简化配置。

Spring Boot 提倡集中式配置，使得配置管理更加清晰和易于维护。

（5）开发者友好。

清晰的项目结构、丰富的 IDEA 集成，提供了代码提示、自动补全、调试支持等特性，极大地提高了开发效率。

（6）可扩展性。

Spring Boot 支持模块化设计，通过添加依赖、编写自定义配置和代码，轻松扩展功能，保持项目结构清晰，易于维护。

1.3 项目结构和代码解析

1.3.1 项目结构解析

成功运行了第一个 Spring Boot 项目之后，读者可能会对这个强大框架的潜力产生强烈的兴趣，渴望尝试更具挑战性的任务。此时，理解项目的结构非常重要。Spring Boot 通过一系列的项目结构和约定来简化开发过程，使开发者能够更专注于业务逻辑而不用过多关注配置。以下是一个典型的 Spring Boot 项目结构和约定。

```
my-first-spring-boot-project/
├── src/
│   ├── main/
│   │   ├── java/
│   │   │   └── com/
│   │   │       └── example/
│   │   │           └── myfirstspringbootproject/
│   │   │               └── Application.java
│   │   └── resources/
│   │       ├── application.properties
│   │       ├── static/
│   │       └── templates/
│   └── test/
│       ├── java/
│       │   └── com/
│       │       └── example/
│       │           └── myfirstspringbootproject/
│       │               └── ...
│       └── resources/
│           └── ...
├── mvnw              # (Maven 项目)
```

```
├── mvnw.cmd              # (Windows 平台)同上,Windows 批处理版本
├── pom.xml               # (Maven 项目)
└── build.gradle          # (Gradle 项目)
```

项目主要结构内容如表 1-1 所示。

表 1-1　项目主要结构内容

src/main/java	Application.java：含@SpringBootApplication 注解,是项目的主类,运行该类的 main 方法启动应用	
	业务类：根据包结构组织,包含控制器、服务、模型等,遵循 Java 的包命名规范	
src/main/resources	application.properties 或 application.yml：应用的配置文件,用于设置各种参数,如服务器端口、数据库连接等	
	static/：存放静态资源(如 CSS、JavaScript、图片),可通过/static/*路径直接访问	
	templates/(可选)：如果使用模板引擎(如 Thymeleaf 或 FreeMarker),则存放 HTML 模板文件	
src/test	src/test/java：存放测试代码,与 src/main/java 结构对应,进行单元测试和集成测试	
	src/test/resources：测试相关的资源,如测试数据、配置	
构建工具	mvnw/mvnw.cmd：Maven Wrapper,允许在无全局 Maven 的情况下构建项目	
	pom.xml：Maven 项目配置文件,定义依赖、插件和构建过程	
	build.gradle：Gradle 构建脚本,替代 Maven,定义依赖、插件和构建逻辑	

对于初次接触 Spring Boot 项目的开发者而言,掌握以下 4 个基础知识点,就能着手创建简单的应用程序。

(1)项目启动。项目启动通常由一个包含 main()方法的 Java 类负责,该类作为应用的执行入口点。虽然传统上这个类常被命名为 Application.java,但实际命名应根据项目规范和可读性需求来确定,例如 DemoApplication.java。

(2)配置管理。通过 application.properties 或 application.yml 了解如何在这两个文件中设置诸如数据库连接、服务器端口等关键参数。

(3)资源组织。熟悉 static/和 templates/目录的功能,它们分别用于存储静态资源(如 CSS、JavaScript)和服务器端模板文件。掌握如何利用这些目录有效地为前端提供必要的资源。

(4)依赖管理。借助 Maven 或 Gradle,学习如何添加、管理及更新项目依赖,确保项目的构建和依赖关系清晰高效。

掌握了这些基础知识后,开发者可根据项目具体需求进一步扩展,如添加新的模块、自定义目录结构或引入额外的文件。随着实践经验的累积,开发者将能更加灵活地运用 Spring Boot 框架,应对更复杂的开发场景。

1.3.2　入口程序代码解析

src/main/java 是 Java 源代码的根目录,项目中的 Java 代码都放在这个文件夹下。通常,项目中会包含一个名为 Application.java 的文件,它位于该目录的一个包下。Application.java 作为主应用程序类,定义了程序的启动入口,代码如下:

```
@SpringBootApplication
public class Application {
```

```
    public static void main(String[] args) {
        SpringApplication.run(Application.class, args);
    }
}
```

其中，@SpringBootApplication 是一个组合注解，综合了 @Configuration、@EnableAutoConfiguration 和 @ComponentScan 三个核心注解的功能。使用此注解可以标识一个类作为 Spring Boot 应用的主类，自动配置应用，同时启用组件扫描和配置类。这使得开发者能够摒弃传统的 XML 配置文件，转而通过注解在代码中直接配置，从而简化了应用的配置和管理。

注解是 Java 语言的一种元数据机制，它通过在代码中添加标签式的附加信息，为程序提供配置、Bean 定义、请求处理等功能。在 Spring Boot 框架中，注解扮演着核心角色，极大地简化了项目的配置和管理。注解驱动的开发模式不仅提高了开发效率，还使得代码更加简洁、结构清晰，增强了代码的可读性和可维护性。

public static void main(String[] args)是 Java 应用程序的入口点。当项目运行时，main()方法会被首先执行。

SpringApplication.run(Application.class, args) 是 Spring Boot 提供的启动方法，用于初始化 Spring 应用。它接收两个参数：Application.class 指定的是应用的主配置类，通常这个类上会标注 @SpringBootApplication 注解；args 是可选的，它代表了传递给应用程序的命令行参数。这些参数可以在启动时被程序访问和使用。

总体而言，这个简单的应用程序入口类配置了一个 Spring Boot 应用程序，并通过 SpringApplication.run()方法启动了应用程序。

1.4 控制器

当 Spring Boot 应用首次运行并在浏览器中成功显示了简单的"Hello, world!"信息，开发者往往会开始思考如何提升用户体验。他们可能会考虑构建一个丰富的页面导航系统，或是实现用户通过表单与应用的动态交互。为了实现这些进阶功能，理解控制器的原理与实践就非常关键了。

1.4.1 控制器的概念

在 Spring Boot 中，控制器是一个特殊的 Java 类，负责处理来自客户端的请求，执行业务逻辑，并构建向客户端发送的响应。这一过程确保了用户与服务器之间的有效通信，控制器的作用如图 1-8 所示。

可以这样想象，控制器如同一位高效的接待员：当用户通过浏览器发出请求时，控制器迅速识别并找到合适的业务逻辑来处理这些请求。一旦处理完成，它便将结果精心包装成响应，并优雅地发送回用户。

图 1-8 控制器作用

Spring Boot 的自动路由机制确保了每次用户请求都能准确找到并触发相应的控制器方法,从而提供及时且恰当的反馈。具体的过程是当浏览器发起 HTTP 请求时,该请求会被发送到 Spring Boot 应用的服务器。应用内置的 Web 服务器,负责接收这些请求。随后,Spring MVC 框架会解析请求的 URL,并确定应由哪个控制器方法来处理。这个方法将执行业务逻辑,可能包括访问数据库或调用其他服务,以准备响应数据。一旦业务逻辑执行完毕,Spring MVC 框架将响应数据封装成 HTTP 响应格式,这包括状态码、头信息和响应体。最后,这些信息被发送回浏览器,供用户查看。

Spring MVC 是 Spring 框架中用于构建 Web 应用的一个组件。它提供了一个结构化的框架来处理 HTTP 请求和响应。作为一个 Java 框架,Spring MVC 遵循 MVC 模式,这种模式将应用分为三部分:数据(模型)、界面(视图)和逻辑处理(控制器)。这样的分离使得开发者可以集中精力编写业务逻辑,特别是控制器部分,而不用担心界面和数据管理的细节。

1.4.2 设计控制类

控制器就像是服务器与用户之间的桥梁,确保信息能够正确地传递和处理。在 Spring Boot 项目中,实现控制器的步骤如下。

1. 创建控制器类

创建一个 Java 类,并使用@Controller 或@RestController 注解标记它,告诉 Spring Boot 这是一个控制器类,用来处理 HTTP 请求。其中,@Controller 注解适用于需要视图解析的传统 Web 应用,以呈现 HTML 页面;而@RestController 注解则适用于构建 RESTful 服务。两者的主要区别会在第 2 章详细讲解。

```
@Controller
public class MyController {
    // 在此处定义响应 HTTP 请求的方法
}
```

2. 映射请求路径

映射请求路径就像给网站上的不同页面设置门牌号。当用户在浏览器中输入一个网址(比如/home),这个路径就指向服务器上的某个具体功能或页面。通过映射路径,服务器知道用户想访问什么内容,然后将对应的页面或数据发送回来。Spring Boot 中映射请求路径是通过特定注解(如@RequestMapping、@GetMapping 注解等)将 URL 路径绑定到控制器中的方法上的,代码如下:

```
@GetMapping("/hello")
@ResponseBody
public String sayHello(){
    return "Hello, world!";
}
```

这段代码创建了一个简单的 HTTP 服务端点。其中,@GetMapping("/hello")表示这个方法会处理/hello 路径的 GET 请求。当用户访问 http://localhost:8080/hello 这个 URL 时,这个方法就会被触发,服务器将返回"Hello, world!"作为响应。读者在浏览器中输入这个地址,就会看到页面上显示的问候语"Hello world!"。

3. 处理请求并调用业务逻辑

控制器类中的方法应该清晰地处理传入的 HTTP 请求。这些方法通常用来执行具体的业务逻辑,如数据库查询、数据处理等。这些方法封装了所有的业务规则和数据访问逻辑,而控制器则负责协调这些调用,并准备适当的响应。

4. 构建响应

控制器中的方法应根据业务逻辑的处理结果定义响应结构。对于使用 @RestController 的控制器,这通常意味着返回一个 JSON 对象或其他格式的数据结构,直接作为 HTTP 响应体发送给客户端。而对于使用 @Controller 的控制器,方法可能会返回一个视图名称,该名称对应于一个特定的 HTML 模板,用于构建更丰富的用户界面响应。

【例 1-2】 设计一个控制器类处理两个 GET 请求,两个请求分别返回不同的消息。

创建了一个名为 MyController 的控制器类。它包含了两个处理方法:sayHello()和 showAbout()。当用户访问 URL 路径为/hello 时,sayHello()方法会返回字符串"Hello, world!"作为响应。当用户访问 URL 路径为/about 时,showAbout()方法会返回字符串"about"作为响应,代码如下:

```java
import org.springframework.stereotype.Controller;
import org.springframework.web.bind.annotation.RequestMapping;
import org.springframework.web.bind.annotation.ResponseBody;

@Controller
public class MyController {

    @GetMapping("/hello")
    @ResponseBody
    public String sayHello() {
        return "Hello, world!";
    }

    @GetMapping("/about")
    @ResponseBody
    public String showAbout() {
        return "about";
    }
}
```

@ResponseBody 注解表示该方法返回的是响应体内容而不是视图名称。因此,该方法返回的字符串"Hello, world!"会直接作为 HTTP 响应的内容返回给客户端。当用户在浏览器中访问 http://localhost:8080/hello 时,将看到页面上显示"Hello world!"字符串。访问 http://localhost:8080/about 时,将看到页面上显示"about"字符串。

这个例子展示了控制器在处理用户请求和生成响应中的关键作用,它实现了用户与 Web 应用之间的有效交互。控制器的设计允许开发者将复杂的业务逻辑与用户界面交互分离,这样不仅使代码结构更加清晰,也便于管理和维护。

1.5 综合案例：简单博客项目的实现

1.5.1 案例描述

本案例主要使用 Spring Boot 框架构建一个简易的博客应用。该应用的核心功能是获取所有的博客条目，并在前端展示。为了简化示例，本案例将使用一个模拟的博客仓库来存储和管理博客数据，而不是连接到真实的数据库系统。

1.5.2 案例实现

1. 创建 Spring Boot 项目

使用 Spring Initializr 创建一个基础的 Spring Boot 项目，选择 Web 和 Thymeleaf 作为依赖，Thymeleaf 是一个适用于 Web 和独立环境的现代 Java 模板引擎，旨在在浏览器中直接显示静态和动态内容。

2. 设计文章模型

创建一个名为 Post 的 Java 类，包含属性（如 id、title、author、content、publishedDate 等）和相应的 getter/setter 方法。

```java
import lombok.AllArgsConstructor;
import lombok.Data;
import lombok.NoArgsConstructor;

import java.time.LocalDateTime;

@Data
@AllArgsConstructor
@NoArgsConstructor
public class Post {
    private Long id;
    private String title;
    private String content;
    private String author;
    private LocalDateTime publishedDate;
}
```

Post 类用于封装博客文章的基本信息，包括 ID、标题、内容、作者和发布日期。通过使用 Lombok 库，开发者能够简化代码编写。Lombok 是一个 Java 库，它通过注解自动生成标准的类成员，如构造函数、getter/setter、equals、hashCode 和 toString 方法。

在这个 Post 类中，@Data 注解自动提供了所有属性的 getter 和 setter 方法。@AllArgsConstructor 注解帮助开发者创建了一个包含所有属性的全参数构造函数，而@NoArgsConstructor 注解则提供了一个无参数的默认构造函数。Lombok 库的使用避免了在类中显式编写这些常见的方法，从而减少了样板代码,使开发更加高效。

3. 编写控制器类

在这个类中,定义一个方法来处理对根 URL("/")的 GET 请求,并返回一个博客文章列表。为了模拟数据,本案例在控制器类中定义一个静态成员变量来存储文章列表,并初始化一些示例文章。以下是 PostController 类的示例代码:

```java
import org.springframework.stereotype.Controller;
import org.springframework.ui.Model;
import org.springframework.web.bind.annotation.GetMapping;

import java.time.LocalDateTime;
import java.util.ArrayList;
import java.util.List;

@Controller
public class PostController {
    private static final List<Post> posts = new ArrayList<>();

    static {
        // 静态初始化块填充预定义的文章数据
        posts.add(new Post(1L, "欢迎光临我的博客!", "这是第一个帖子",
                "张三",
                LocalDateTime.of(2029, 7, 1, 12, 0)));
        posts.add(new Post(2L, "如何学习 Spring Boot", "通过 AI 工具学习是个好办法",
                "李四",
                LocalDateTime.of(2029, 7, 15, 14, 30)));
        // 添加更多预定义文章…
    }

    @GetMapping("/")
    public String listArticles(Model model) {
        model.addAttribute("posts", posts);
        return "post-list";
    }
}
```

4. 编写视图

创建 HTML 模板文件 post-list.html,该文件旨在展示博客列表。此模板将采用 Thymeleaf 模板引擎的表达式语法,与控制器所传递的模型数据进行动态交互。读者可以通过这个文件直观地查看项目运行的结果。通过参考本书中提供的项目代码读者可获取 post-list.html 文件的具体实现细节。这个文件的主要目的是展示项目运行的最终效果,读者无须深入了解其具体技术实现。

运行程序,在浏览器中访问 http://localhost:8080,博客列表显示结果如图 1-9 所示。

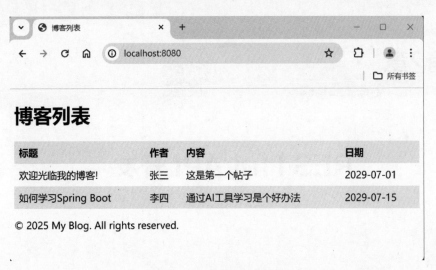

图 1-9　博客列表显示结果

1.5.3　案例总结

在这个博客项目中，使用视图方式来展示博客内容。虽然这种方法在初期简化了实现过程，但也增加了前后端的耦合度。这种耦合限制了前端和后端的独立开发和维护能力。为了解决这一问题，开发者需要熟悉整个技术栈，这无疑增加了学习成本和开发的复杂性。

第 2 章将探讨 RESTful 设计原则，这是一种更为灵活和解耦的架构方法。RESTful 架构遵循一系列核心原则，包括统一接口、无状态通信、资源导向、状态无关性和表现层分离等。这些原则有助于降低系统前后端的耦合度，使得整个系统更加易于理解、维护和扩展。通过采用 RESTful 架构，开发者能够构建出更加模块化和可维护的应用程序。

习题 1

1. Spring Boot 的主要优势是（　　）。
   A. 简化了 Spring 应用程序的配置　　B. 提供了更多的复杂功能
   C. 增加了应用程序的启动时间　　　　D. 只能用于大型企业应用
2. @SpringBootApplication 注解的作用是（　　）。
   A. 标记 Spring Boot 应用程序的主类　B. 指定应用程序的运行端口
   C. 标记控制器类　　　　　　　　　　D. 声明一个 RESTful API 端点

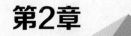

视频讲解

RESTful API 开发

在第 1 章的综合案例中,采用了非 RESTful 设计,这导致了前后端之间出现了紧密的耦合。这种设计倾向于将业务逻辑和数据处理嵌入通信机制中,从而限制了前后端交互的灵活性和遵循通用标准的可能。相比之下,RESTful 架构通过定义统一的接口,使用标准的 HTTP 方法来操作资源的不同表现形式,实现了一种无状态的系统交互方式。

采用 RESTful 架构,能够为 Web 服务提供简洁、规范化且高度可扩展的接口设计。这种方法不仅增强了不同系统间的互操作性,还显著提升了软件开发的效率和维护性。通过遵循 RESTful 原则,开发者可以构建出更加灵活、模块化和易于维护的应用程序。

2.1 RESTful 的概念和设计原则

2.1.1 RESTful 简介

REST(Representational State Transfer)是由 Roy Fielding 博士提出的一种软件架构概念,它通过简单的 HTTP 请求来访问和操作资源。RESTful API 是一种遵循 REST 原则的 API 设计方式,它们通过标准的 HTTP 方法(如 GET、POST、PUT、DELETE 等)与资源进行交互,实现数据的检索、创建、更新和删除等操作。在 RESTful 架构中,资源是核心概念,代表任何可被唯一标识的实体,例如用户账户、照片、订单等。每个资源都通过一个唯一的 URL 来标识,并通过标准的 HTTP 方法进行操作。

RESTful API 通过直观的 HTTP 动作与 Web 资源进行交互,提供了一种简单而高效的服务交互方式。这种设计哲学使得它成为构建现代 Web 服务和应用程序的首选方式,尤其是在需要高度灵活性和可扩展性的场景中。

开发者利用 RESTful API 在网络上的操作可以类比于图书馆中的书籍管理,就像在图书馆中处理书籍一样。图书馆里的每本书都有一个唯一的编号,对应 Web 上每个资源的唯一 URI。

查看(GET):用户向服务器请求特定资源的编号,服务器随后返回该资源的数据。

添加(POST):如果所需资源在网络中不存在,用户可以提交新资源的信息,服务器据此创建并添加新资源。

更新(PUT/PATCH):用户如果发现资源信息需要更新,可以提交更改请求,服务器将相应地更新资源。

移除(DELETE):当资源不再需要时,用户可以请求删除,服务器将从网络中移除该资源。

通过这种方式,RESTful API 允许开发者通过标准的 HTTP 方法与 Web 资源进行直观的对话。这种设计不仅简化了客户端和服务器之间的通信,还提高了系统的可维护性和可扩展性,实现了简单而高效的服务交互。

传统的非 RESTful 的 Web 服务通常不遵循将 HTTP 方法直接映射到资源操作的原则。它们可能使用自定义的查询参数、统一使用 POST 请求来处理所有类型的操作,或利用服务器端状态来跟踪用户交互。例如非 RESTful 服务可能会使用 GET 请求并附加查询参数来执行原本属于 POST、PUT 或 DELETE 完成的任务,这降低了请求目的的明确性。相比之下,RESTful API 通过标准化的 HTTP 方法,提供了更清晰、更可预测的接口。以博客系统为例,执行获取、创建、更新和删除博客等操作时的请求形式,非 RESTful 请求与 RESTful 请求的对比如表 2-1 所示。

表 2-1 非 RESTful 请求与 RESTful 请求的对比

非 RESTful 请求	RESTful 请求
GET /product/all	GET /api/products
GET /product/1	GET /api/products/1
POST /product/create	POST /api/products
POST /product/update/1	PUT /api/products/1
POST /product/delete/1	DELETE /api/products/1

通过示例可知,RESTful 设计以其规范性和清晰的资源路径(如/api/products 和/api/products/1)简化了资源的识别和访问,增强了 API 的可读性。通过使用标准的 HTTP 方法(GET、POST、PUT、DELETE),RESTful API 形成了统一的接口,这不仅提升了接口的一致性,也显著提高了易用性。面向资源的设计原则让系统功能通过操作资源来实现,进一步增强了系统结构的清晰度。这些特点共同构成了 RESTful API 的核心优势,提供了一个直观、易于理解和使用的接口,有助于简化开发流程,提升应用程序的质量和可维护性。

2.1.2 RESTful 的核心概念

RESTful 是一种用于构建网络应用程序的架构风格,它通过简单的 HTTP 请求来访问和操作资源。

1. 资源

资源是 RESTful 架构的核心概念。资源可以是任何实体,比如用户、照片、订单等。每个资源都通过一个独一无二的 URI 来标识,确保了资源的可寻址性。在设计 URI 时,应遵循 RESTful 原则,具体如下。

(1) 使用名词来表示资源。

在 RESTful 架构中,资源的表示遵循使用名词的原则,以确保清晰和一致性。例如,在博客系统的 API 设计中,各种资源通过以下名词形式的 URI 来标识。

用户资源:/users,表示所有用户信息的集合。

博客文章资源:/posts,表示所有博客文章的集合。

评论资源:/comments,表示所有评论的集合。

这种命名方式简洁明了,便于开发者快速识别和访问相应的资源集合。

(2) 使用路径参数表示特定资源。

在 RESTful 架构中,路径参数是一种用于标识资源中具体实例的机制。这些参数嵌入在 URI 路径中,允许 API 精确地定位和操作单个资源实体。例如,访问博客系统特定资源示例如下。

要访问或操作特定用户的信息,可以使用路径参数/users/{userId},其中{userId}代表该用户的唯一标识。

对于博客文章,要获取或编辑某篇特定的文章,URI 应为/posts/{postId},{postId}指代那篇博客文章的唯一标识。

类似地,若要操作某条特定的评论,其 URI 将是/comments/{commentId},{commentId}用于指定那条评论的 ID。

(3) 使用嵌套结构表示层级关系。

在 RESTful 架构中,资源间的层级关系可以通过嵌套的 URI 结构来清晰地表达。这种设计允许 API 直观地反映实体间的逻辑联系。例如,博客系统层级关系示例如下。

某个用户发布的所有博客文章可以通过嵌套路径/users/{userId}/posts 来表示,其中{userId}是特定用户的标识符。

某篇特定博客文章的所有评论可以通过路径/posts/{postId}/comments 来标识,其中{postId}代表那篇博客文章的唯一标识符。

这样的 URI 设计不仅体现了资源之间的从属关系,也使得 API 的导航变得直观和层次分明,便于客户端理解和操作。

(4) 查询参数用于过滤和搜索。

查询参数用于对资源集合进行过滤、排序或搜索,提供对数据的细粒度访问。例如,博客系统中使用参数用于过滤和搜索的示例如下。

过滤特定用户的博客文章,可以按类别进行筛选,URI 格式为/users/{userId}/posts?category=tech。

搜索包含特定关键词的博客文章,可以使用/posts?keyword=RESTful 这样的查询字符串。

获取特定日期的所有评论,URI 结构为/comments?date=2023-05-22。

通过这种方式,查询参数允许客户端根据需要定制 API 响应,而无须修改 API 本身的结构或行为,从而提高了 API 的灵活性和可用性。

2. HTTP 方法映射

RESTful API 使用标准的 HTTP 方法来操作资源。HTTP 方法如表 2-2 所示。

表 2-2　HTTP 方法

方 法 名	作　　用
GET	用于获取资源的信息
POST	用于在服务器上创建新资源
PUT	用于更新服务器上的资源
DELETE	用于删除服务器上的资源
PATCH	用于对资源进行局部更新

例如,博客文章的相关操作如下。

获取所有博客文章:GET /posts。

创建新博客文章:POST /posts。

获取特定博客文章:GET /posts/{postId}。

更新特定博客文章:PUT /posts/{postId}。

删除特定博客文章:DELETE /posts/{postId}。

3. 资源的状态表示

在 RESTful 架构中,资源的状态指的是在某一特定时刻资源的具体信息和属性的集合,它通过数据的形式来表现资源的当前情况。例如,博客文章资源的状态如下。

文章 ID:456。

标题:RESTful API 初学者指南。

内容:介绍如何设计 RESTful API。

作者 ID:123。

发布日期:2024-05-22。

这些属性组合在一起,描述了某个用户或某篇博客文章的状态。

在 RESTful 架构中,资源的当前状态通过其"表示"(Representation)来表达和传递。这种表示是资源状态的数据格式,用于在客户端和服务器之间传输。当客户端发起请求获取资源时,服务器回应的正是这个资源的表示形式。JSON 和 XML 是两种广泛使用的状态表示格式,因其结构化和易于解析的特性而受到青睐。例如,博客文章资源的 JSON 表示:

```
{
  "id": 456,
  "title": "RESTful API 初学者指南",
  "content": "介绍如何设计 RESTful API",
  "authorId": 123,
  "publishDate": "2024 - 05 - 22"
}
```

这个 JSON 对象详细描述了博客文章的当前状态,提供了客户端所需的所有必要信息。并且可以通过 HTTP 请求和响应在客户端和服务器之间传输。

使用标准化的数据格式如 JSON 或 XML 来表示资源状态,可以简化客户端与服务器之间的通信。客户端仅需解析这些格式,无须了解服务器的内部数据处理方式。这种设计允许服务器灵活地引入或更新数据表示,而不干扰客户端操作,从而增强了系统的适应性和扩展性。服务器端的设计因此变得更加简洁,易于维护和扩展。客户端与服务器的松耦合设计,进一步促进了独立开发和系统的可扩展性。

4. 无状态性

无状态性是一种设计原则,它要求在客户端和服务器的交互中,服务器不保留任何关于客户端的会话信息。每次客户端发起请求时,都必须自给自足地提供完成该请求所需的全部信息。例如,在请求博客文章列表时,客户端必须明确指定分页参数,如页码和每页条目数,服务器则根据这些参数独立处理请求,而不会记住客户端的分页状态。

```
GET /posts?page = 2&pageSize = 10 HTTP/1.1
Host: api.blogexample.com
```

在这个请求中,客户端通过 URL 参数 page 和 pageSize 来指定所需的分页信息,服务器使用这些参数处理请求。

无状态性确保每个请求都是自包含的,服务器根据当前请求独立作出响应,不依赖于之前的交互历史。这种设计提高了系统的可扩展性和可靠性,因为它允许服务器在不增加复杂性的情况下处理大量并发请求。同时,它也简化了服务器端的实现,因为服务器不需要维护会话状态,从而降低了出错的可能性和资源消耗。

5. HATEOAS

超媒体驱动(Hypermedia As the Engine Of Application State,HATEOAS)是一种网络应用程序设计原则,它提倡在服务器响应中包含超媒体链接,指导客户端如何进一步与 API 交互。这种方法使得客户端能够根据服务器提供的动态链接导航,而不需要事先了解 API 的结构。

HATEOAS 机制减少了客户端对服务器端结构的依赖,允许服务独立演化而不影响现有客户端。只要服务器端 API 的变更保持返回链接的有效性,客户端就能继续正常运作,从而增强了系统的健壮性和可维护性。通过在响应中嵌入相关链接,HATEOAS 让 API 自描述且动态,客户端无须预设所有操作路径,而是可以通过这些链接逐步探索和执行。

例如,客户端请求该用户的博客文章,服务端响应示例:

```
HTTP/1.1 200 OK
Content-Type: application/json
{
  "posts": [
    {
      "id": 1,
      "title": "RESTful API Basics",
      "content": "This article explains the basics of RESTful APIs...",
      "_links": {
        "self": {
          "href": "/posts/1"
        },
        "author": {
          "href": "/users/123"
        },
        "comments": {
          "href": "/posts/1/comments"
        }
```

       }
      }
     ]
    }

在上述例子中，links 对象包含了 3 个关键链接。

（1）self 链接：这是自引用链接，其 href 属性为/posts/1。客户端可以使用这个链接重新获取文章的详细信息。

（2）author 链接：指向了文章作者的资源，其 href 属性为/users/123。通过这个链接，客户端可以访问作者的详细信息。

（3）comments 链接：指向文章的评论集合，其 href 属性为/posts/1/comments。客户端可以使用这个链接来浏览文章的评论或添加新评论。

在博客系统的 API 中，HATEOAS 的应用体现在用户信息、博客文章及其相关操作的导航上。例如，客户端在获取博客文章时，可以通过文章中包含的链接来访问作者详情、文章评论等，实现灵活高效的 API 使用。这种设计不仅简化了客户端的开发，也使得 API 的扩展和维护变得更加容易。通过 HATEOAS，客户端能够与不断演进的 API 保持同步，无须频繁更新以适应服务器端的变化。

2.2 请求和响应处理

RESTful API 的核心在于请求和响应的精确处理，它是实现资源访问和操作的基础。通过 HTTP 简单而强大的方法，如 GET、POST、PUT 和 DELETE，可以有效地与服务器上的资源进行交互。深入理解请求和响应的处理机制，是构建高效、动态 Web 服务交互的关键。

在 Spring Boot 框架中，这些请求的处理和响应的生成是通过编写控制器方法实现的。利用注解来映射请求路径，并提取请求中的参数，控制器方法能够精确地处理每个请求。返回值通过 HTTP 响应体发送给客户端，如果需要，@ResponseBody 注解能够将数据自动序列化为 JSON 或 XML 格式，简化了数据的传输过程。这种设计模式不仅简化了开发者的工作，还提高了开发效率，使得 RESTful API 的实现变得更加直接和高效。通过这种方式，开发者可以专注于业务逻辑的实现，而不必深陷于底层的请求和响应处理细节。

2.2.1 控制器和请求映射

在 Spring Boot 框架中，控制器充当客户端 HTTP 请求的接收者和处理者，通过注解将请求的 URL 路径直接映射到对应的处理方法。这种映射机制不仅简化了请求处理流程，而且通过自动化的路由机制，确保了业务逻辑的快速响应和执行。

在 Spring Boot 框架中，可以使用@RestController 注解来定义 RESTful 风格的控制器。这个注解是 Spring MVC 中@Controller 注解的扩展版本，它集成了@Controller 和@ResponseBody 注解的功能。当在类上使用@RestController 注解时，它会自动将控制器中的方法返回值转换为 JSON 或 XML 格式的数据，然后发送给客户端。这与@Controller 注解不同，后者通常用于返回一个视图页面。使用@RestController 可以大大简化我们处理 REST 请求和响应的过程，因为它允许开发者直接在 HTTP 响应中返回数据，而不需要额外的视图渲染步骤。

在 Spring Boot 中，将特定的 URL 路径与控制器方法关联起来，可以使用一系列注解，这些注解提供了灵活的路由配置。具体使用如下。

1. @RequestMapping 注解

@RequestMapping 是 Spring MVC 中最常用的注解之一，用于建立 HTTP 请求和控制器方法之间的映射。这个注解非常灵活，既可应用于整个控制器类，也可应用于单个处理方法。当用在类级别时，它为该类中的所有方法定义了一个共同的基础请求路径。而当用在方法级别时，它允许开发者进一步细化特定请求的处理逻辑，包括指定请求的 HTTP 方法、路径变量、请求参数等。

（1）当@RequestMapping 应用于类时，它定义了一个控制器类的基本 URL 前缀。所有该类下的方法都会在这个基础路径下处理请求。

```
@RestController
@RequestMapping("/api/v1")
public class MyController {
    // 所有方法的 URL 前缀都是 "/api/v1"
}
```

在上面的示例中，@RequestMapping 注解用于类级别，指定了该控制器处理的所有请求的根路径为 /api/v1。

（2）当@RequestMapping 注解应用于方法级别时，它提供了一个更具体的 URL 路径。这个路径将与类级别上定义的路径相结合，形成一个完整的 URL 地址。

```
@RequestMapping("/items")
public ResponseEntity<List<Item>> getAllItems() {
// 处理 "GET /api/v1/items" 的请求
}
```

在这个示例中，getAllItems()方法通过@RequestMapping 注解与 GET /api/v1/items 的 HTTP 请求关联起来。通过在类和方法级别巧妙地使用@RequestMapping，开发者能够灵活地设计复杂的 RESTful API，精确地指定哪些方法应该响应特定的 URL 请求。

类级别的@RequestMapping 注解为所有方法定义了一个基础路径，这有助于组织代码并实现路径的重用，从而简化了整体的路由配置。而方法级别的@RequestMapping 注解则允许开发者对每个方法的请求路径进行更细致的定制，确保每个端点都能精确地映射到相应的处理逻辑。这种分层的注解使用策略不仅提高了代码的可维护性，也使得 API 的设计更加直观和易于理解。

2. @GetMapping、@PostMapping、@PutMapping、@DeleteMapping 注解

Spring 框架提供了@GetMapping、@PostMapping、@PutMapping 和@DeleteMapping 一系列注解，它们是处理 HTTP 请求的便捷工具。这些注解分别对应 HTTP 的 GET、POST、PUT 和 DELETE 方法，使得开发者能够以直观和简洁的方式指定每种请求的处理方法。

```
@RestController
@RequestMapping("/api/users")
```

```java
public class UserController {

    @GetMapping("/{id}")
    public ResponseEntity<User> getUserById(@PathVariable Long id) {
        // 根据用户 ID 获取用户信息
    }

    @PostMapping
    public ResponseEntity<User> createUser(@RequestBody User user) {
        // 创建新用户
    }

    @PutMapping("/{id}")
    public ResponseEntity<User> updateUser(@PathVariable Long id, @RequestBody User user) {
        // 更新用户信息
    }

    @DeleteMapping("/{id}")
    public ResponseEntity<Void> deleteUser(@PathVariable Long id) {
        // 删除用户
    }
}
```

在这个示例中，使用这些特定于 HTTP 方法的注解，代码变得更加直观，有助于提高开发效率。开发者可以专注于实现业务逻辑，而不必过多地关注 HTTP 请求的底层细节。这些注解的引入，不仅简化了路由配置，还增强了代码的可读性和可维护性。

2.2.2 请求路径和请求参数处理

请求参数处理是指服务器端如何接收和解析客户端发送的请求中的参数。这些参数通常以不同的方式包含在请求中，常见的请求参数类型包括路径参数、查询参数、请求体参数和请求头参数。每种参数都有相应的注解用于在控制器方法中声明和接收它们的值。

1. 路径参数

路径参数是一种嵌入在 URL 中的动态值，它们通过{}来标识，并且通常用于表示资源的唯一标识符或属性。例如，URL /users/{id}中的{id}就是一个路径参数，它代表用户的唯一标识符。

在 Spring MVC 框架中，@PathVariable 注解被用来提取 URL 中的这些动态值。当 URL 包含如/users/{userId}这样的路径变量时，@PathVariable 注解可以将这个变量的值绑定到控制器方法的参数上。这样，开发者就可以在方法内部访问这个值，以便根据它来执行相应的业务逻辑。通过这种方式，@PathVariable 注解提供了一种灵活的机制来处理和响应基于资源标识的请求。

```java
@RestController
@RequestMapping("/api/users")
public class UserController {

    @GetMapping("/{id}")
    public ResponseEntity<User> getUserById(@PathVariable Long id) {
        // 根据用户 ID 从数据库中获取用户信息，并返回
    }
}
```

在上面的例子中，@GetMapping("/{id}")注解定义了一个 GET 请求的处理方法，其中{id}是一个路径变量。Spring 框架会自动解析这个路径变量，并将它的值传递给对应方法的参数。例如，当客户端发起请求到/api/users/123 时，Spring 会识别路径中的 123 并将其作为参数值传递给 getUserById()方法的 id 参数。这样，开发者在 getUserById()方法内部可以直接使用 id 参数，获取到请求中指定的用户的唯一标识符。@PathVariable 注解的使用，使得从 URL 路径中提取和传递变量值变得简单而直观，从而方便了对特定资源的访问和操作。

2. 查询参数

查询参数是 URL 中查询字符串的一部分，位于 URL 的?之后。它们以 key=value 的形式存在，多个参数通过 & 连接。例如，在 URL /api/users?role=admin&sort=asc 中，role 和 sort 就是查询参数。

在 Spring MVC 中，@RequestParam 注解用于将这些查询参数绑定到控制器方法的参数上。通过这个注解，开发者可以指定参数的名称、是否为必需参数，以及在参数未提供时使用的默认值。使用@RequestParam 注解，Spring MVC 能够从 GET 或 POST 请求中提取单个请求参数，并将其自动转换为相应的数据类型，然后传递给控制器方法。这大大简化了请求参数的处理流程，使开发者能够更专注于业务逻辑的实现。

例如，博客系统中，用户可以通过输入搜索关键词来查找相关的博客文章。为了实现这一功能，@RequestParam 注解可以被用来捕获和处理用户的搜索请求。以下是一个简单的 Spring MVC 控制器方法示例，展示了如何使用@RequestParam 注解实现关键词搜索。

```java
@RestController
public class PostController {

    @GetMapping("/search")
    public ResponseEntity<List<Post>> searchPosts(@RequestParam("keyword") String keyword) {
        // 使用@RequestParam 获取请求中的"keyword"参数
    }
}
```

当客户端发送请求，如 http://example.com/search?keyword=someKeyword 时，@RequestParam("keyword")注解将被用来从请求的查询字符串中提取名为 keyword 的参数值，并将其传递给控制器方法中的同名参数 keyword。通过使用@RequestParam 注解，开发者可以轻松地访问和使用这些参数，进而根据这些参数执行相应的业务逻辑，如搜索、过滤等操作。处理完成后，控制器方法将生成响应并将其发送回客户端。总之，@RequestParam 注解是 Spring MVC 框架中处理 HTTP 请求查询参数的关键工具，它允许开发者方便地捕获和使用这些参数，从而实现对用户请求的动态响应。

3. 请求体参数

请求体是 HTTP 请求的一部分，它用于传输复杂的数据结构，如 JSON 对象或 XML 文档。这种数据结构通常在创建新资源或更新现有资源的详细信息时使用。在 Spring MVC 中，@RequestBody 注解允许将请求体中的数据直接映射到 Java 对象中。它主要用于处理 POST 和 PUT 等请求方法，这些方法通常携带大量数据，如用户提交的表单数据或 API 调用中的数据。与查询参数不同，请求体可以包含非结构化或半结构化的复杂数据。

例如，在博客系统中，创建新博客文章的功能可以通过使用@RequestBody 注解来实现。以下是一个简单的 Spring MVC 控制器方法示例，代码如下：

```
@RestController
public class PostController {

    @PostMapping("/api/posts")
    public ResponseEntity<String> createPost(@RequestBody Post post) {
        // 使用@RequestBody 将请求体中的 JSON 数据转换为 Post 对象

    }
}
```

当客户端发送一个 HTTP POST 请求到/api/posts 时，请求体包含博客文章的 JSON 数据，代码如下：

```
{
    "title": "My First Blog Post",
    "content": "This is my first blog post content...",
    "author": "John Doe",
    "publishDate": "2024-05-22"
}
```

控制器中的 createPost 方法通过@RequestBody 注解接收客户端发送的 JSON 格式的博客文章数据。Spring MVC 框架自动处理 JSON 到 Java 对象的转换，将请求体中的每个键值对映射到 Post 对象的相应属性。例如，JSON 中的 title 字段会被绑定到 Post 对象的 title 属性上，以此类推。这个过程简化了数据解析和对象创建的工作，使得开发者可以专注于业务逻辑的实现。

2.2.3 响应处理

响应处理是指如何构建和发送 HTTP 响应给客户端。响应处理包括返回类型与状态码、异常处理与错误响应、HTTP 响应头的设置等。

1. 返回类型与状态码

返回类型指的是 API 端点方法的返回值类型，它决定了 API 方法执行后返回给客户端的数据类型。这些返回值可以是单一的数据对象、数据集合，或者是根据特定业务逻辑定制的响应对象。API 框架通常会自动将这些返回值序列化为 JSON 或 XML 格式，以便客户端能够以标准形式接收和解析。

通过精心设计返回类型，开发者可以确保 API 响应不仅包含客户端所需的数据，而且以一种易于理解和处理的格式提供。这样，客户端开发者就能够根据实际需求，获取到结构化和有意义的数据，从而提高应用程序的交互效率和用户体验。

ResponseEntity<T>是最常用的返回类型，它是 Spring MVC 框架中用于构建 HTTP 响应的一个重要类。作为泛型类，T 代表响应体中的数据类型，可以是字符串、自定义的 Java 对象，或者是任何其他类型。使用 ResponseEntity<T>，开发者可以精确地控制 HTTP 响应的状态码、设置响应头,以及定义响应体的内容,从而实现对 HTTP 响应的完全控制。

(1) ResponseEntity<T>由 3 大核心部分组成。

① 状态码(HttpStatus):状态码是 HTTP 定义的标识请求处理状态的数字代码。每个状态码都有特定的含义,如 200 表示成功,404 表示资源未找到,500 表示服务器内部错误等。通过指定合适的状态码,开发者可以清晰地向客户端传达请求的处理状态。这不仅帮助客户端理解发生了什么,还指导它们根据接收到的状态码做出相应的响应。正确使用状态码能够确保客户端恰当处理响应,从而增强用户体验和系统的健壮性。

② 响应头(HttpHeaders):响应头提供了一种机制来传递关于响应的附加信息。这些头信息可以包含多种类型的元数据。例如,Content-Type 用于指定响应体的媒体类型,帮助客户端了解如何解析和处理响应数据。Location 通常用于重定向场景,指示新资源的 URL,告诉客户端资源的新位置。

③ 响应体(T):响应体包含了客户端请求的数据。这个数据可以是任何 Java 对象,如字符串、自定义对象等。在发送到客户端之前,这些 Java 对象通常会被序列化成一种客户端能够理解的格式,如 JSON 或 XML。序列化过程确保了数据能够在客户端和服务器之间以统一和标准化的方式进行传输。

(2) 创建 ResponseEntity<T>响应的方式。

① 默认状态码响应:ResponseEntity<T>响应提供了若干方法返回具有默认状态码的响应,例如使用 ResponseEntity.ok()方法可以快速创建一个具有 200 OK 状态码的响应。这个方法非常适合于表示请求成功的场景。示例代码如下:

```
ResponseEntity<MyData> response = ResponseEntity.ok(yourData);
```

② 自定义状态码响应:当需要指定非标准的状态码时,可以使用 ResponseEntity.status()方法,结合 HttpStatus 枚举来创建具有特定状态码的响应。例如,使用 HttpStatus.CREATED 来表示资源创建成功的状态码 201,示例代码如下:

```
ResponseEntity<MyData> response = ResponseEntity.status(HttpStatus.CREATED).body(yourData);
```

③ 构建器模式:使用 ResponseEntity.<T>builder()方法可以提供更高级的构建响应的方式。这种方法允许开发者逐步设置响应的状态码、响应头和响应体,最终通过调用 build()方法来完成响应的构建。这种方式特别适合需要精细控制响应的复杂场景。示例代码如下:

```
ResponseEntity<MyData> response = ResponseEntity
    .status(HttpStatus.OK)                              // 设置状态码
    .header("Content - Type", "application/json")       // 设置响应头
    .body(yourData);                                    // 设置响应体
```

通过这些方法,开发者可以根据不同的业务需求和场景,选择最合适的方式来构建 HTTP 响应,确保响应既符合 HTTP 标准,又满足应用程序的具体要求。

【例 2-1】 设计一个 PostController 类,该类包含两个方法:getAllPosts()方法用于获取所有博客文章,getPostById()方法用于根据指定 ID 获取单篇博客文章的详细信息。

在处理根据指定 ID 获取单篇博客文章的请求时,需要确保代码能够处理两种情况:当 ID 有效且对应文章存在时返回文章详情,当 ID 无效或不存在时返回 404 错误。示例代码如下:

```java
import org.springframework.http.HttpStatus;
import org.springframework.http.ResponseEntity;
import org.springframework.web.bind.annotation.GetMapping;
import org.springframework.web.bind.annotation.PathVariable;
import org.springframework.web.bind.annotation.RequestMapping;
import org.springframework.web.bind.annotation.RestController;

import java.time.LocalDateTime;
import java.util.ArrayList;
import java.util.List;


@RestController
@RequestMapping("/api/posts")
public class PostController {
    private static final List<Post> posts = new ArrayList<>();

    static {
        // 静态初始化块填充预定义的文章数据
        posts.add(new Post(1L, "欢迎光临我的博客!", "这是第一个帖子",
                "张三", LocalDateTime.of(2029, 7, 1, 12, 0)));
        posts.add(new Post(2L, "如何学习 Spring Boot", "通过 AI 工具学习是个好办法",
                "李四", LocalDateTime.of(2029, 7, 15, 14, 30)));
        // 添加更多预定义文章...

    }

    @GetMapping("/")
    public ResponseEntity<List<Post>> getAllPosts() {
        return ResponseEntity.ok(posts);
    }


    @GetMapping("/{postId}")
    public ResponseEntity<Post> getPostById(@PathVariable Long postId) {
        Post post = posts.stream()
                .filter(p -> p.getId().equals(postId))
                .findFirst()
                .orElse(null);

        // 检查 post 是否为 null
        if (post != null) {
            return ResponseEntity.ok(post);
        } else {
            return ResponseEntity.status(HttpStatus.NOT_FOUND).build();
        }
    }
}
```

运行程序之后,在浏览器中访问 http://localhost:8080/api/posts/,获取所有博客信息结果如图 2-1 所示。

图 2-1 获取所有博客信息结果

访问 http://localhost:8080/api/posts/2，获取单篇博客信息结果如图 2-2 所示。

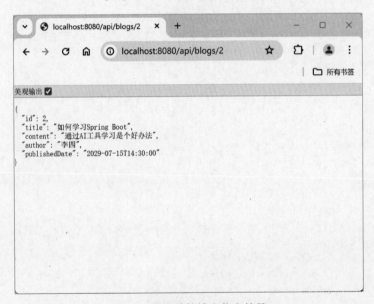

图 2-2 获取单篇博客信息结果

如果访问的 ID 不存在，则会出现 404 错误的页面。

2. 异常处理与错误响应

在响应处理中，异常处理是一个关键环节，它确保了当应用程序发生错误时，能够给出恰当的反馈。在 Spring Boot 框架中，异常处理通过 @ControllerAdvice 注解的类变得简单而集中。开发者只需在这个类中定义方法，并用 @ExceptionHandler 注解标注，指定每种异常对应的处理方式。一旦异常发生，相应的方法就会生成一个清晰易懂的错误信息，并通过 ResponseEntity 对象传递给用户，指导他们如何解决问题。

例如,在获取文章详情的 API 中,如果传入的 ID 无效或文章不存在,可以通过抛出一个自定义异常来通知系统发生了错误。然后,在全局异常处理器中捕获这个异常,并返回一个适当的错误响应。这样可以确保用户得到清晰的反馈,知道请求的资源不存在或 ID 无效。

(1) 创建异常类。

创建一个自定义异常类 PostNotFoundException 来处理没有找到文章的情况。代码如下:

```java
public class PostNotFoundException extends RuntimeException {
    public PostNotFoundException(Long postId) {
        super("Post with id " + postId + " not found.");
    }
}
```

(2) 抛出异常。

在获取博客文章的方法中,如果文章不存在,则抛出这个自定义异常。代码如下:

```java
@GetMapping("/{postId}")
public ResponseEntity<Post> getPostById(@PathVariable Long postId) {
    Post post = posts.stream()
            .filter(p -> p.getId().equals(postId))
            .findFirst()
            .orElseThrow(() -> new PostNotFoundException(postId));

    return ResponseEntity.ok(post);
}
```

(3) 全局异常处理。

在@ControllerAdvice 注解的类中,使用@ExceptionHandler 注解来捕获 PostNotFoundException 异常,并返回自定义的 404 错误响应。代码如下:

```java
@ControllerAdvice
public class GlobalExceptionHandler {

    @ExceptionHandler(PostNotFoundException.class)
    public ResponseEntity<String> handlePostNotFoundException(PostNotFoundException ex) {
        return ResponseEntity.status(HttpStatus.NOT_FOUND)
                .body("The requested post was not found: " + ex.getMessage());
    }
}
```

在这个示例中,如果 postService.findById(postId)返回 null,表示没有找到对应的文章,就会抛出 PostNotFoundException 异常。全局异常处理器 GlobalExceptionHandler 会捕获这个异常,并返回一个包含错误信息的 404 响应。这样,用户就能明白请求的资源不存在。

为了提升代码的维护性和扩展性,在实际开发中,可以采取一些优化措施。一个常见的做法是创建一个专门的错误响应类,例如 ErrorResponse 类。这个类将错误信息的结构封装起来,使得错误响应更加统一和易于管理。通过修改 ErrorResponse 类,可以轻松地调整错误响应的结构或添加新的错误字段,而不必修改每个控制器方法中的错误响应代码。

例如,以下创建专门的错误响应类优化上述异常处理。

(1) 创建 ErrorResponse 类。

这个类用来统一定义错误信息的结构。示例代码如下：

```java
public class ErrorResponse {
    private int status;
    private String message;

    public ErrorResponse(int status, String message) {
        this.status = status;
        this.message = message;
    }

    // 省略 getter 方法
}
```

(2) 修改异常类。

PostNotFoundException 类现在只需要保存文章 ID。示例代码如下：

```java
public class PostNotFoundException extends RuntimeException {
    private Long postId;

    public PostNotFoundException(Long postId) {
        super("Post not found.");
        this.postId = postId;
    }

    public Long getPostId() {
        return postId;
    }
}
```

(3) 更新异常处理器。

在 GlobalExceptionHandler 中，捕获异常并返回 ErrorRespons。示例代码如下：

```java
@ControllerAdvice
public class GlobalExceptionHandler {

    @ExceptionHandler(PostNotFoundException.class)
    public ResponseEntity<?> handlePostNotFoundException(PostNotFoundException ex) {
        ErrorResponse errorResponse = new ErrorResponse(HttpStatus.NOT_FOUND, "Post with ID " + ex.getPostId() + " not found.");
        // 可以根据需要添加更多错误详情到 errorResponse.details 中
        return new ResponseEntity<>(errorResponse, errorResponse.getStatus());
    }
}
```

通过这种方式，可以将错误处理逻辑与业务逻辑分离，使得错误响应更加结构化和一致。同时，如果需要修改错误响应的结构或添加新的字段，只需更新 ErrorResponse 类即可，而无须修改每个控制器中的错误处理代码。这样提高了代码的可维护性和可扩展性。

3. HTTP 响应头的设置

HTTP 响应头是服务器发送给客户端的额外信息,它帮助客户端了解响应内容的性质和如何正确处理这些内容。这些信息包括内容类型、是否应该被缓存、安全选项以及服务器的相关信息。在 Spring Boot 中,设置 HTTP 响应头非常简单。可以使用 HttpHeaders 类来创建和添加自定义的响应头,然后通过 ResponseEntity 对象将它们与响应正文一起发送。这样,就能精确控制客户端接收和展示数据的方式,同时确保通信的安全性和效率。

(1) Content-Type。

Content-Type 告诉客户端服务器返回的数据类型,例如 application/json 表示 JSON 格式,或者 text/html 表示 HTML 页面。正确设置这个头部能够确保客户端准确解析和显示响应。通过这个头部,客户端知道如何对待接收到的信息,从而实现有效的数据交换和用户界面的正确展示。

例如,设置 Content-Type 为 application/json,告诉客户端响应正文是 JSON 格式。代码如下:

```
@GetMapping("/example")
public ResponseEntity < String > getExample() {
    HttpHeaders headers = new HttpHeaders();
    // 设置响应头...
    headers.setContentType(MediaType.APPLICATION_JSON);
    return ResponseEntity.ok()
                    .headers(headers)
                    .body("Hello, world!");
}
```

客户端接收到这个响应后,会按照 JSON 的解析规则来处理响应体中的数据。

(2) Cache-Control。

Cache-Control 指定了如何缓存响应数据,以及缓存的持续时间。它包含多种指令,如 no-cache、no-store、max-age 等。no-cache 用来避免使用过时的响应、no-store 用来禁止存储任何响应数据、max-age 用来限制数据的新鲜度时间,以及 public 和 private 来指定缓存的共享范围。

例如,想要设置一个 API 响应,使其在客户端缓存 60 分钟。示例代码如下:

```
headers.setCacheControl("max - age = 3600, must - revalidate");
```

max-age=3600 指令告诉客户端和中间缓存,响应数据在 3600 秒(即 1 小时)内可以被认为是新鲜的,不需要从原始服务器重新获取。must-revalidate 指令要求一旦缓存数据过了 max-age 指定的时间,缓存必须通过重新验证来确认数据是否仍然有效,然后才能继续使用缓存数据。

正确使用 Cache-Control 可以提高网站的性能和用户体验,通过减少不必要的服务器请求来加快内容加载速度。同时,它也确保了数据的新鲜度和隐私,特别是对于那些不应该被缓存的敏感信息。

(3) 跨域资源共享。

跨域资源共享(CORS)是一种安全机制,它通过 HTTP 头来允许或限制一个域上的网页如何与另一个域上的资源进行交互。CORS 相关的 HTTP 头包括以下 5 种。

Access-Control-Allow-Origin:允许跨域访问的源。

Access-Control-Allow-Methods:允许的 HTTP 方法(如 GET、POST 等)。

Access-Control-Allow-Headers:允许的自定义请求头。

Access-Control-Allow-Credentials：是否允许携带凭据(如cookies和authorization headers)进行跨域请求。

Access-Control-Max-Age：预检请求(OPTIONS)结果的缓存时间。

例如,设置所有的源都可以访问。示例代码为：

headers.setAccessControlAllowOrigin("*");   //"*"表示允许所有域

正确配置CORS头可以使得跨域请求更加安全和高效,同时避免因同源策略引起的错误。实际情况下,通常使用@CrossOrigin注解或WebMvcConfigurer接口的全局配置方法来声明式地处理CORS,而不是直接操作HttpHeaders。这是因为直接设置HttpHeaders通常适用于单个HTTP请求的响应,而不是作为全局配置。

(4) 自定义响应头

自定义响应头允许服务器向客户端发送特定的元数据,这些元数据可用于传递额外信息、增强请求的追踪能力或实现特定的协议要求。可以根据需要设置任意自定义响应头,如用于传递额外信息、跟踪请求、实现特定协议等。定义自定义响应头时,只需指定一个合适的头名称和对应的字符串值,即可轻松实现对响应头的个性化设置。

例如,在博客系统中,获取文章列表的响应可以包括一个自定义的版权声明头,只需指定相应的头名称和字符串值即可。示例代码如下：

```
@GetMapping("/")
public ResponseEntity<List<Post>> getAllPosts() {
    HttpHeaders headers = new HttpHeaders();
    headers.add("X-Copyright", "Copyright © 2023 Your-Blog-Name");
    return ResponseEntity.ok(posts);
}
```

这样客户端接收到响应时,除了正文数据外,还能获取版权相关的信息。

2.3 API 测试

设计API后,进行详尽的测试是确保其可靠性和有效性的关键。虽然浏览器提供了一种快速简便的方式来测试GET请求,但它在处理POST、PUT请求或复杂请求头时可能不够高效。对于这些更高级的测试需求,推荐使用像Postman这样的专业API测试工具,它支持发送多种类型的HTTP请求并直观地展示响应结果,从而简化了API的测试和调试过程。

使用Postman测试API的具体步骤如下。

1. 安装Postman

下载并安装Postman应用程序,或者在浏览器上使用Postman的Chrome插件。安装过程完成后,启动Postman应用程序,并进行登录或注册以创建一个账户。登录成功后,出现Postman界面,如图2-3所示。

2. 创建新的请求

在Postman界面中,单击左上角的New按钮,选择HTTP选项创建一个新的请求。

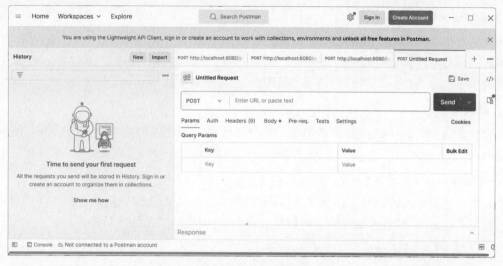

图 2-3　Postman 界面

3. 配置请求

(1) 在新建的请求标签页中，选择请求类型(GET、POST、PUT、DELETE 等)。

(2) 在 URL 输入框中输入 API 的 URL 地址。

(3) 如果请求需要参数，可以在请求 URL 中添加查询参数，或者在 Params 标签页添加和管理这些参数。

4. 添加请求头

单击 Headers 标签页，切换到 Headers 选项卡，添加请求头如图 2-4 所示。例如，添加 Content-Type 和 Authorization 头，输入请求头的名称和值。

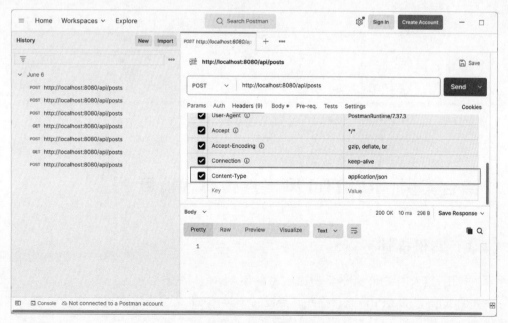

图 2-4　添加请求头

5. 添加请求体

选择需要请求体的 HTTP 方法，如 POST 或 PUT。单击 Body 标签，在 Body 选项卡中，根据需要的请求体类型选择相应的选项，如 raw、form-data、x-www-form-urlencoded 等。根据 API 需求填写请求体内容，对 raw，直接输入 JSON 或 XML 等格式的数据。

6. 发送请求

配置完成后，单击 Send 按钮发送请求。Postman 将显示请求的响应，包括状态码、响应时间和响应数据。

7. 检查响应

检查响应状态码来确认请求是否成功，如状态码 200 表示请求成功，而状态码 404 则意味着请求的资源不存在。然后，审查响应体中的数据，以便进行必要的后续处理和深入分析。

例如，检查例 2-1 的结果如图 2-5 所示。

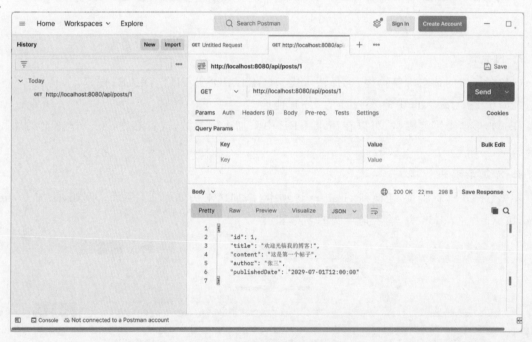

图 2-5　检查例 2-1 的结果

2.4　综合案例：RESTful 风格重构博客项目

2.4.1　案例描述

在本项目中，以 RESTful 风格重构第 1 章的案例，重点在于构建 PostController 类并设计实现了一系列的 RESTful API 端点。这些端点支持通过 GET 请求来检索博客文章的列表或详情，同时提供 POST 和 DELETE 方法来分别处理文章的创建、删除功能。

本项目的目标是引导读者通过亲身构建一个博客应用,深刻领悟 RESTful API 的设计原则。这种实践操作不仅加深了对 API 开发概念的理解,还帮助读者将理论知识应用于现实场景,为日后的 Web 开发工作奠定了坚实的基础。

2.4.2 案例实现

设计 RESTful API 的核心步骤包括从资源确定、URI 定义、HTTP 方法选择、请求和响应格式设计、状态码使用、HATEOAS 实施、版本控制,到安全性考量等多方面。遵循这些步骤,可以打造出既遵循 REST 原则又用户友好的 API。

在实现博客系统的新增和删除单篇博客文章功能时,采用 RESTful 风格,相应的代码实现如下:

```java
import org.springframework.http.HttpHeaders;
import org.springframework.http.HttpStatus;
import org.springframework.http.ResponseEntity;
import org.springframework.web.bind.annotation.*;

import java.time.LocalDateTime;
import java.util.ArrayList;
import java.util.List;

@RestController
@RequestMapping("/api/posts")
public class PostController {
    private static final List<Post> posts = new ArrayList<>();

    static {
        // 静态初始化块填充预定义的文章数据
        posts.add(new Post(1L, "欢迎光临我的博客!", "这是第一个帖子",
                "张三", LocalDateTime.of(2029, 7, 1, 12, 0)));
        posts.add(new Post(2L, "如何学习 Spring Boot", "通过 AI 工具学习是个好办法",
                "李四", LocalDateTime.of(2029, 7, 15, 14, 30)));
        // 添加更多预定义文章…
    }

    @GetMapping
    public ResponseEntity<List<Post>> getAllPosts() {
        HttpHeaders headers = new HttpHeaders();
        headers.add("X-Copyright", "Copyright © 2023 Your-Blog-Name");

        // 返回文章列表,包括响应头
        return ResponseEntity.ok()
                .headers(headers)
                .body(posts);
    }

    @GetMapping("/{postId}")
```

```java
public ResponseEntity<Post> getPostById(@PathVariable Long postId) {
    Post post = posts.stream()
            .filter(p -> p.getId().equals(postId))
            .findFirst()
            .orElseThrow(() -> new IllegalArgumentException("Invalid post ID"));
    return ResponseEntity.ok(post);
}

@PostMapping
public ResponseEntity<Post> createPost(@RequestBody Post newPost) {
    if (newPost.getTitle() == null || newPost.getContent() == null || newPost.getAuthor() == null) {
        return ResponseEntity.status(HttpStatus.BAD_REQUEST).body(null);
    }

    // 生成新的 ID,假设没有 ID 冲突
    long newId = posts.stream().mapToLong(Post::getId).max().orElse(0L) + 1;
    newPost.setId(newId);

    // 将新 Post 添加到列表中
    posts.add(newPost);

    return ResponseEntity.ok()
            .body(newPost);
}

@DeleteMapping("/{postId}")
public ResponseEntity<Void> deletePost(@PathVariable Long postId) {

    boolean postDeleted = posts.removeIf(p -> p.getId().equals(postId));

    if (postDeleted) {
        return ResponseEntity.noContent().build();      // HTTP 204 No Content,表示删除成功
    } else {
        return ResponseEntity.notFound().build();
    }
}
}
```

完成编码后,启动应用程序并使用 Postman 等工具对 API 进行测试。以添加新博客文章为例,首先设置 POST 请求,确保在请求头中包含 Content-Type 字段,并将其值设定为 application/json,以告知服务器预期接收 JSON 数据。然后在请求体部分选择 raw 类型,并输入相应的 JSON 数据。测试新增博客文章功能如图 2-6 所示。

单击 Send 按钮,得到测试结果,如图 2-7 所示。

从测试结果可知,博客文章已成功添加。

第2章　RESTful API 开发

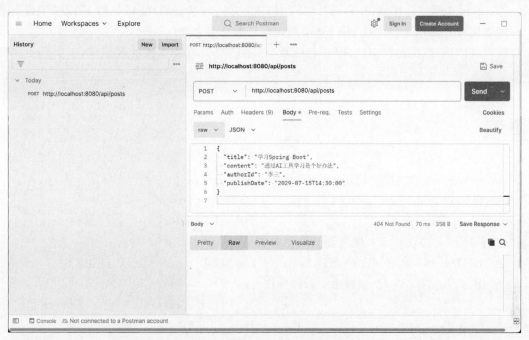

图 2-6　测试新增博客文章功能

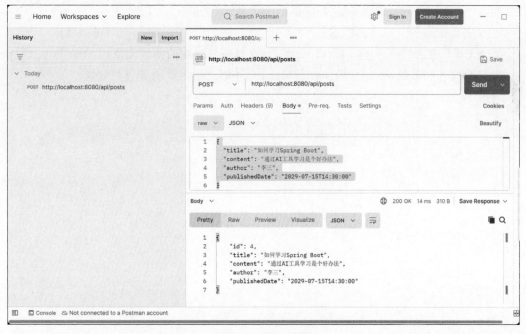

图 2-7　测试结果

2.4.3　案例总结

本项目成功构建了一个包含新增、删除和查看功能的完整博客应用。相较于第 1 章的综合案例,通过 RESTful 原则设计 API,利用标准的 HTTP 方法和状态码,使得 API 接口易于理解和使用。开发者能够方便地通过发送 HTTP 请求并解析响应与之交互。

目前,项目中的数据是模拟的,但在后续章节,将替换为真实连接的数据库,以实现更实际的应用场景。

习题 2

1. 在 Spring Boot 中,用于创建 RESTful 控制器的注解是(　　)。
   A. @RestController　　　　　　B. @Component
   C. @Service　　　　　　　　　D. @Repository
2. 以下 HTTP 方法用于从服务器获取资源的是(　　)。
   A. GET　　　　　B. POST　　　　　C. PUT　　　　　D. DELETE
3. 在 RESTful API 中,表示删除资源的操作是(　　)。
   A. GET /api/resource/{id}　　　　B. POST /api/resource/{id}/delete
   C. PUT /api/resource/{id}　　　　D. DELETE /api/resource/{id}
4. RESTful API 设计中,资源的标识通常使用的形式是(　　)。
   A. 动词+名词　　B. 名词+动词　　C. 只有名词　　D. 只有动词
5. 在 RESTful API 中,用于创建新资源的 HTTP 方法是(　　)。
   A. GET　　　　　B. POST　　　　　C. PUT　　　　　D. DELETE
6. 实现 PUT 方法的 /api/posts/{id} 端点,允许更新已存在的博客文章。
7. 在获取博客列表的端点中,添加分页功能,允许用户指定页码和每页数量。

第3章

视频讲解

Spring Boot的核心概念

在第 2 章的案例中,将业务逻辑集中在控制器层面对于小型项目来说是一种快速实现的方法,但随着项目规模的增长,这种方法可能会导致控制器代码变得庞大和难以维护,进而造成结构上的混乱。因此,本章将介绍分层架构的设计原则,目的是将复杂的业务逻辑从控制器中分离出来,转移到专门的服务类中去处理。这种转变有助于使控制器回归其核心功能——处理路由和渲染视图,同时提高代码的清晰度和可维护性。

3.1 三层架构

三层架构是一种常见的软件系统设计模式,它将应用划分为三个关键层次:表现层、业务逻辑层和数据访问层。表现层专注于用户界面的展示和用户交互。业务逻辑层作为核心,处理应用的功能实现和业务规则。数据访问层则与数据存储系统直接交互,执行数据的读取、写入和更新。这种设计不仅增强了代码的可维护性和可扩展性,还通过减少各层间的依赖,提升了系统的灵活性和重用性。

在 Web 应用中,三层结构如图 3-1 所示。控制器和视图共同构成表现层,负责处理用户界面

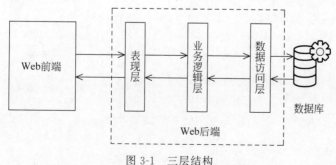

图 3-1 三层结构

的展示和交互。服务层和业务层紧密结合,形成业务逻辑层,专注于实现应用的核心功能和业务规则。而存储库或数据访问对象(DAO)则构成数据访问层,专门负责与数据库的交互,执行数据的存取操作。这种分层方法不仅明确了各层的职责,还促进了团队成员之间的高效协作,提升了开发效率和项目的可维护性。

3.1.1 表现层

在 Spring Boot 的应用中,表现层负责接收和响应 HTTP 请求,同时构建用户界面以实现与用户的交互。这一层通常借助 Spring MVC 或 Spring WebFlux 框架来实现,通过注解定义控制器,将 HTTP 请求映射到特定的方法,然后返回数据或视图给客户端。为了创建动态的用户界面,开发者可以选择 Thymeleaf、Freemarker 等服务器端模板引擎,或者结合 React、Vue.js 等现代前端框架,以提供更加丰富和交互式的用户体验。

在第 1 章的综合案例中,项目利用 Spring Boot 的 Spring MVC 组件构建表现层。控制器负责接收 HTTP 请求,通过与 Thymeleaf 模板引擎的结合,动态生成 HTML 内容,有效地展示文章列表和文章详情,从而为用户提供了直观的阅读体验。

3.1.2 业务逻辑层

业务逻辑层负责处理应用程序的业务规则和逻辑。在这一层,定义了多个服务组件,每个服务组件承担特定的业务逻辑任务,如数据操作、规则验证和业务流程的实现。将业务逻辑封装进服务中,不仅促进了代码的模块化,还提高了代码的可重用性。

【例 3-1】将例 2-1 的业务逻辑拆分到单独的服务类中。

创建 PostService 类以封装博客文章业务逻辑,并通过在 PostController 中调用其方法来处理请求。调整后的代码如下。

(1) PostService 类。

```java
import java.time.LocalDateTime;
import java.util.ArrayList;
import java.util.List;
public class PostService {
    private static final List<Post> posts = new ArrayList<>();

    static {
        // 静态初始化块填充预定义的文章数据
        posts.add(new Post(1L, "欢迎光临我的博客!", "这是第一个帖子",
                "张三", LocalDateTime.of(2029, 7, 1, 12, 0)));
        posts.add(new Post(2L, "如何学习 Spring Boot", "通过 AI 工具学习是个好办法",
                "李四", LocalDateTime.of(2029, 7, 15, 14, 30)));
        // 添加更多预定义文章...

    }

    public List<Post> getAllPosts() {
        return posts;
```

    }
}
```

PostService 类专门用于封装博客文章的所有业务操作。

（2）PostController 类。

```java
import org.springframework.http.ResponseEntity;
import org.springframework.web.bind.annotation.*;
import java.util.List;

@RestController
@RequestMapping("/api/posts")
public class PostController {
    private final PostService postService = new PostService();
    @GetMapping
    public ResponseEntity<List<Post>> getAllPost() {
        // 返回文章列表
        return ResponseEntity.ok()
                .body(postService.getAllPosts());
    }
}
```

在 PostController 类中，控制器会委托 PostService 类来执行相应的业务逻辑。通过这种设计，简化了控制器的职责，使其专注于处理 HTTP 请求和响应。将业务逻辑迁移至服务层，实现了分层架构，明确了各层职责。这种架构优化了控制器的简洁性，同时将业务逻辑封装在服务层，增强了代码的可维护性和测试性。

在 PostController 类中，我们直接实例化了 PostService 对象，并将其赋值给成员变量 postService。虽然这初步实现了业务逻辑与控制层的分离，但并未充分利用现代框架如 Spring 推荐的依赖注入（DI）的优势。在 3.2.1 节将详细讲解依赖注入的核心思想和优势。

3.1.3 数据访问层

在上述示例中，PostService 类同时承担了业务逻辑和数据访问的角色，导致代码耦合度增加，影响了可维护性。为了提高架构的清晰度，应将数据访问逻辑独立出来，创建一个专门的数据访问层。这样，服务层可以专注于业务逻辑，而数据访问的具体实现则由数据访问层负责。这种分离策略简化了代码结构，提升了系统的可维护性和测试性。

【例 3-2】 为了进一步优化 PostService 类，实现数据库操作与业务逻辑的分离，从而提高系统的结构清晰度和可维护性。

为了提高 PostService 类与数据库操作的解耦度，可以定义一个 PostRepository 接口，该接口声明了操作博客文章数据所需的方法。然后，实现一个 InMemoryPostRepository 类，提供这些方法的具体实现，直接与数据存储交互。通过这种方式，PostService 类仅需与 PostRepository 接口交互，无须了解底层数据存储的具体实现。这增强了模块化，提高了系统的可扩展性和灵活性。

以下是实现的详细步骤。
```

(1) 创建 PostRepository 接口。

```java
import java.util.List;

public interface PostRepository {
    List<Post> getAllPosts();
}
```

(2) 创建 InMemoryPostRepository 类作为 PostRepository 接口的实现。

```java
import java.time.LocalDateTime;
import java.util.ArrayList;
import java.util.List;

public class InMemoryPostRepository implements PostRepository{
    private static final List<Post> posts = new ArrayList<>();

    static {
        // 静态初始化块填充预定义的文章数据
        posts.add(new Post(1L, "欢迎光临我的博客!", "这是第一个帖子",
                "张三", LocalDateTime.of(2029, 7, 1, 12, 0)));
        posts.add(new Post(2L, "如何学习 Spring Boot", "通过AI工具学习是个好办法",
                "李四", LocalDateTime.of(2029, 7, 15, 14, 30)));
        // 添加更多预定义文章…

    }

    @Override
    public List<Post> getAllPosts() {
        return posts;
    }
}
```

(3) 修改 PostService 类,创建 InMemoryPostRepository 对象,并使用其方法。

```java
import java.util.List;

public class PostService {
    private final PostRepository postRepository = new InMemoryPostRepository();

    public List<Post> getAllPosts() {
        return postRepository.getAllPosts();
    }
}
```

PostService 类已通过 PostRepository 接口与数据访问层交互,实现了数据访问层的抽象和分离。InMemoryPostRepository 类是当前数据访问层的具体实现。然而,PostService 类直接依赖 InMemoryPostRepository 类的具体实现,这限制了其与存储机制的解耦。未来若需切换至数据库等其他存储方式,可能需要修改 PostService 类的函数和逻辑,这会增加维护的复杂性。

通过应用控制反转和依赖注入原则,可以进一步解耦 PostService 类,避免直接绑定到特定实现。

3.2 控制反转与依赖注入

在传统的编程模式中,组件自行负责获取其依赖对象,这增加了它们之间的耦合性,限制了代码的灵活性和可维护性。而控制反转(Inversion of Control,IoC)是将对象的创建和依赖管理的责任从应用程序代码转移到外部容器。在 IoC 框架下,应用程序组件不再自行创建或管理其依赖,而是由容器自动提供所需的依赖项。这种机制降低了组件间的耦合性,简化了测试和维护过程。

IoC 的核心优势在于,它允许容器在运行时自动提供组件所需的依赖,从而让组件专注于实现其业务逻辑,而无须关心依赖的具体实现细节。

Spring Boot 通过依赖注入(Dependency Injection,DI)实现 IoC,允许组件在运行时接收所需依赖,而非自行创建。DI 通过将依赖项的实例直接注入组件中,减少了组件之间的直接依赖。依赖注入通常由一个容器(例如 Spring 框架)管理,该容器根据配置自动装配组件所需的依赖。这种方式让开发者能够集中精力编写业务逻辑,而不必处理依赖对象的生命周期和配置细节。

例如,在上述 PostService 类中使用依赖注入的方式,代码如下:

```
@Service
public class PostService {
    private final PostRepository postRepository;

    public PostService(PostRepository postRepository) {
        this.postRepository = postRepository;
    }
    ...
}
```

重构后的 PostService 类采用构造函数注入的方式,接收一个 PostRepository 实例,从而消除了对具体实现的直接依赖。这使得 PostService 类不再需要自行创建 PostRepository 对象,而是接收外部注入的实现,实现了代码的低耦合性。

这种设计能够实现轻松地更换存储机制。例如,若要将存储方式从内存切换到数据库,只需实现一个新的 PostRepository 接口的数据库访问类。在初始化 PostService 时,传入这个新的实现即可。整个过程无须对 PostService 的内部逻辑进行任何更改,体现了高度的灵活性和可维护性。

通过控制反转和依赖注入实现的解耦,提升了代码的灵活性、可维护性和可扩展性。依赖注入可以通过多种方式实现,包括构造函数注入、setter 方法注入、字段注入、注解配置,以及通过 Java 配置类声明和配置 bean。Spring Boot 进一步通过自动配置功能,简化了依赖注入的配置过程。它能够根据项目中添加的依赖自动配置应用程序,减少了显式配置的需求,使得开发更加高效和直观。

1. 构造函数注入

通过构造函数注入依赖项,Spring Boot 确保了对象在创建时即被完全初始化。利用 @Autowired 注解标注构造函数,Spring Boot 自动识别并注入所需的 Bean,简化了依赖注入过程,消除了手动配置依赖的复杂性。

例如，PostService 类通过其构造函数实现依赖注入，示例代码如下：

```
@Service
public class PostService {
    private final PostRepository postRepository;

    public PostService(PostRepository postRepository) {
        this.postRepository = postRepository;
    }
    // 其他业务方法…
}
```

@Service 注解用于标识一个类作为服务层的一部分。应用此注解的类会被 Spring 容器识别为一个 Bean，从而可以利用依赖注入。在 PostService 类上使用 @Service 注解，Spring 容器会自动创建其实例，并在其他组件如 PostController 中自动注入，简化了依赖管理并提升了代码的模块化。这种做法使得组件之间的耦合度降低，同时提高了系统的可维护性和可扩展性。

2. Setter 注入

尽管构造函数注入因其确保对象完全初始化而成为推荐做法，但在需要保持类兼容性等特殊情况下，Setter 注入提供了另一种解决方案。这种方法允许在对象创建后配置依赖，提供了额外的灵活性。Setter 注入通过类的公共 setter 方法在对象实例化后设置依赖项，增加了配置的灵活性。在 Spring 框架中，可以使用 @Autowired 注解来标记 setter 方法，这样 Spring 容器就会自动注入相应的依赖项。

例如，PostService 类通过 Setter 注入实现依赖注入，示例代码如下：

```
public class PostService {
    private PostRepository postRepository;

    @Autowired
    public void setPostRepository(PostRepository postRepository) {
        this.postRepository = postRepository;
    }

    // 其他业务方法…
}
```

在上述示例中，PostService 类使用 @Autowired 注解的 setter 方法来接收 PostRepository 的实例。Spring 容器负责在适当的时候调用这个方法并注入依赖项。

3. 字段注入

字段注入是 Spring 框架中实现依赖注入的另一种方式，它通过直接在类的字段上使用注解来完成。这种方式简便直观，但相比构造函数注入和 Setter 注入，它有其特定的使用场景和限制。它适用于依赖关系简单、不需要复杂初始化逻辑的场景，提供了代码编写上的便捷性。然而，字段注入也有其局限性，如不适用于 final 字段，可能隐藏依赖关系，影响代码的清晰度和测试性，以及在多线程环境中可能需要额外的线程安全措施。

例如，PostService 类通过字段注入实现依赖注入，示例代码如下：

```
@Service
public class UserService {
    @Autowired
    private UserRepository userRepository;

    // ...
}
```

在上述示例中，PostService 类中的 postRepository 字段通过 @Autowired 注解直接注入，Spring 容器负责提供 PostRepository 的实例。这种方式虽然方便，但可能导致代码可读性和可维护性的下降，因为这种隐式的方式可能会隐藏类之间的依赖关系。为了提升代码的清晰度和易于维护，通常建议优先采用构造函数注入，以明确地表示依赖。

【例 3-3】 使用依赖注入的方式优化例 3-2，使代码更加灵活、可维护和可扩展。

要将 PostService 修改为使用依赖注入，首先确保 InMemoryPostRepository 类被 Spring 框架管理，这可以通过在类上添加 @Repository 注解来实现。接下来，从 PostService 类中移除对 InMemoryPostRepository 类的直接实例化，改为通过构造函数注入该依赖项。以下是更改后的示例代码：

```
@Repository
public class InMemoryPostRepository implements PostRepository{
// 实现细节...
}
```

在这个示例中，InMemoryPostRepository 类通过 @Repository 注解被标识为 Spring 管理的 Bean。PostService 类采用了构造函数注入的方式，以注入 PostRepository 接口的实现。以下是依赖注入优化后的 PostService 类代码示例：

```
import org.springframework.stereotype.Service;

import java.util.List;

@Service
public class PostService {
    private final PostRepository postRepository;

    public PostService(PostRepository postRepository){
        this.postRepository = postRepository;
    }

    public List<Post> getAllPosts() {
        return postRepository.getAllPosts();
    }
}
```

通过这种方式，PostService 类不再需要自己创建 PostRepository 实例，而是依赖 Spring 容器提供的实例，实现依赖的自动注入和松耦合。同理，PostController 类也可以使用依赖注入的方式来接收 PostService 类的实例。修改后的代码如下：

```java
import org.springframework.beans.factory.annotation.Autowired;
import org.springframework.http.ResponseEntity;
import org.springframework.web.bind.annotation.GetMapping;
import org.springframework.web.bind.annotation.RequestMapping;
import org.springframework.web.bind.annotation.RestController;

import java.util.List;

@RestController
@RequestMapping("/api/posts")
public class PostController {
    private final PostService postService;

    @Autowired
    public PostController(PostService postService) {
        this.postService = postService;
    }
    @GetMapping
    public ResponseEntity< List< Post >> getAllPosts() {
        // 返回文章列表
        return ResponseEntity.ok()
                .body(postService.getAllPosts());
    }
}
```

这种方式的修改,实现了依赖的自动注入和代码解耦,使得代码更易于测试和维护,同时也更好地遵循了面向接口编程的原则。

3.3 自动配置

Spring Boot 自动配置极大地简化了 Spring 应用的开发流程,它让应用程序在几乎零配置的情况下就能正确地运行起来。它通过自动检测项目中的依赖项、智能地应用条件配置 Bean,以及提供直观的配置选项,帮助开发者快速构建功能完善的应用,同时保持了应对个性化需求的灵活性。这种机制允许开发者将重点放在业务逻辑上,而不是深陷底层配置的细节,显著提高了开发效率。

在传统的 Spring 框架中,创建和管理 Bean 通常涉及编写大量的 XML 配置或 Java 配置类,定义 Bean 的生成、依赖和生命周期管理,这在大型项目中可能会变得相当复杂。Spring Boot 通过其自动配置特性,能够根据添加到项目中的依赖自动生成所需的 Bean 配置,减少了手动编码的工作量,提升了开发效率和便捷性。

例如,在使用数据库时,传统 Spring 应用通常需要手动配置数据源、事务管理器等核心组件。以下是一个传统 Spring 应用中配置数据源和事务管理器的简化示例,代码如下:

```java
@Configuration
public class DatabaseConfig {
```

```java
@Value("${spring.datasource.url}")
private String url;

@Value("${spring.datasource.username}")
private String username;

@Value("${spring.datasource.password}")
private String password;

@Bean
public DataSource dataSource() {
    DriverManagerDataSource dataSource = new DriverManagerDataSource();
    dataSource.setDriverClassName("com.mysql.jdbc.Driver");
    dataSource.setUrl(url);
    dataSource.setUsername(username);
    dataSource.setPassword(password);
    return dataSource;
}

@Bean
public PlatformTransactionManager transactionManager(DataSource dataSource) {
    return new DataSourceTransactionManager(dataSource);
}
}
```

这段代码是一个 Spring 应用的传统 Java 配置示例，它通过@Configuration 注解 DatabaseConfig 类手动配置了数据库连接和事务管理。使用@Value 注解从配置文件中注入数据库连接参数，并创建了 DataSource 和 PlatformTransactionManager 类的 Bean，展示了 Spring 的基于 Java 的配置方法。

Spring Boot 通过自动配置机制极大地简化了传统 Spring 应用中的配置流程。开发者只需在 application.properties 文件中指定数据库连接参数，Spring Boot 便能自动识别并配置数据源和事务管理器，无须编写烦琐的配置类。

例如，通过在 application.properties 添加如下配置：

```
spring.datasource.url = jdbc:mysql://localhost:3306/mydb
spring.datasource.username = myuser
spring.datasource.password = mypassword
spring.jpa.hibernate.ddl-auto = update
```

一旦项目引入了相应的依赖（如 spring-boot-starter-data-jpa），Spring Boot 将根据这些配置自动设置数据库连接和 JPA 属性。这种方式不仅减少了手动配置的工作量，而且提高了开发效率，使开发者能够专注于业务逻辑的实现。如果需要对数据库连接池或 JPA 进行更细致的定制，Spring Boot 同样提供了简便的配置方式。开发者可以直接在配置文件中添加或修改相关属性，而无须更改 Java 代码，这体现了 Spring Boot 在配置灵活性和便捷性方面的优势。

通过示例可知，Spring Boot 如何使开发者能够快速构建具有数据库功能的 Web 应用程序，而无须深入复杂的数据库配置。这种方法显著提升了开发效率并优化了开发体验。

3.4 依赖管理

在软件开发中,"依赖"指的是项目或模块运行时所依赖的外部库、框架或服务,它们提供基础功能,促进代码复用,降低开发成本。依赖的合理运用可以加速开发进程、保障系统稳定性、满足特定的功能需求,并推动技术栈的统一和进步,从而构建出高效、高质量的应用程序。

有效的依赖管理是项目成功的关键,它确保了版本间的兼容性,简化了配置流程,自动化了依赖的检索与更新,并减少了构建失败的风险,提升了开发效率和项目质量。Spring Boot 项目通过使用 Starter 依赖和父 POM 管理,实现了便捷的依赖管理方式。Starter 依赖自动整合了常用的库和配置,提供了经过验证的依赖版本组合,极大地简化了手动依赖管理的工作量,确保了项目构建的一致性和效率,让开发者可以迅速开始项目开发。

3.4.1 Starter 依赖

Spring Boot 的 Starter 依赖提供了一种高效的依赖管理方法,它是一组预先配置的库集合,专门针对特定技术或功能,如 Web 开发、数据库操作和安全性。这些依赖以统一的命名格式 spring-boot-starter-* 表示,例如 spring-boot-starter-web 和 spring-boot-starter-data-jpa,它们通过简化依赖的添加和管理,加快了项目的构建和功能的集成,显著提高了开发效率。

每个 Starter 可以视为一个功能完备的工具箱,包含了实现特定功能所需的全部依赖。以 spring-boot-starter-web 为例,它不仅提供了 Spring MVC 框架,还内置了 Tomcat 内嵌服务器和 Jackson 库来处理 JSON 数据。开发者只需在项目中加入这个 Starter 依赖,Spring Boot 便会自动配置所需的 Web 组件,免去了手动配置的烦琐。这种自动化配置极大地减轻了开发者的工作负担,使得他们能更专注于核心业务逻辑的实现。

常用 Starter 如表 3-1 所示。

表 3-1 常用 Starter

名称	作用
spring-boot-starter-web	包含 Spring MVC 和内嵌的 Web 服务器,适用于构建 Web 应用程序
spring-boot-starter-data-jpa	集成 Spring Data JPA,用于简化数据持久化
spring-boot-starter-security	集成 Spring Security,用于处理应用程序的安全性
spring-boot-starter-data-redis	用于集成 Redis 数据库,包含 Spring Data Redis 等相关依赖项
spring-boot-starter-cache	用于集成缓存功能,包含 Ehcache、Redis 等相关依赖项
spring-boot-starter-logging	用于日志记录,包含 Logback、Log4j2 等相关依赖项

此外,Spring Boot 框架也支持开发者根据特定需求定制 Starter 模块,以封装和复用一组特定功能的配置和依赖,读者有兴趣可以自行了解。

3.4.2 父 POM 管理

父 POM 管理是 Maven 中用于集中化项目配置的功能,它允许在多模块项目中通过一个共享的父 POM(位于项目根目录的 pom.xml)来统一定义构建配置和依赖。子模块通过继承此父

POM,能够自动采用其中定义的配置,无须在各自的 pom.xml 中重复设置。这种方法简化了项目管理,确保了依赖版本的统一,并使所有子模块都遵循统一的构建规范。

Spring Boot 提供了 spring-boot-starter-parent 作为官方父 POM,它包含了 Spring Boot 应用的最佳实践配置,简化了 Spring Boot 项目的构建配置。父 POM 管理是大型项目和企业级应用中常见的做法,它提高了项目的可维护性和可扩展性,同时降低了管理成本。

以下是一个简化的例子,展示了如何在 Maven 项目中使用 spring-boot-starter-parent 作为父 POM,并添加了必要的 Starter 依赖。

Maven 项目的 pom.xml 配置示例:

```xml
<project xmlns="http://maven.apache.org/POM/4.0.0"
    xmlns:xsi="http://www.w3.org/2001/XMLSchema-instance"
    xsi:schemaLocation="http://maven.apache.org/POM/4.0.0
    http://maven.apache.org/xsd/maven-4.0.0.xsd">
    <modelVersion>4.0.0</modelVersion>

    <!-- 继承 Spring Boot 的父级项目 -->
    <parent>
        <groupId>org.springframework.boot</groupId>
        <artifactId>spring-boot-starter-parent</artifactId>
        <version>2.7.0</version> <!-- 使用具体的版本号 -->
        <relativePath/> <!-- lookup parent from repository -->
    </parent>

    <groupId>com.example</groupId>
    <artifactId>my-spring-boot-app</artifactId>
    <version>1.0.0-SNAPSHOT</version>

    <dependencies>
        <!-- 添加 Spring Boot Web Starter 依赖 -->
        <dependency>
            <groupId>org.springframework.boot</groupId>
            <artifactId>spring-boot-starter-web</artifactId>
        </dependency>

        <!-- 如需数据库访问,可添加 Spring Data JPA Starter -->
        <!-- 注意:这也会自动引入相应的数据库驱动依赖 -->
        <dependency>
            <groupId>org.springframework.boot</groupId>
            <artifactId>spring-boot-starter-data-jpa</artifactId>
        </dependency>
    </dependencies>

    <!-- 默认的构建插件和生命周期配置已由父级项目提供 -->
</project>
```

在这个配置中,通过继承 spring-boot-starter-parent,项目自动获得了 Spring Boot 推荐的依赖版本和插件配置。开发者无须手动指定每个依赖的版本,因为父 POM 已经管理了这些信息。这种方式简化了依赖管理,加快了项目设置的速度,并确保了项目的稳定性和一致性。

3.5 综合应用：博客项目的三层架构重构

3.5.1 案例描述

在第 2 章的综合案例中，所有业务逻辑都集中在控制器中实现，这种方法适用于小型项目。然而，随着项目复杂度和规模的增长，这种集中式的做法可能会导致控制器层变得过于臃肿和混乱，影响项目的可维护性和可扩展性。为了解决这个问题，本案例采用三层架构模式进行了重构，将业务逻辑从控制器中分离，并通过依赖注入技术实现了代码的解耦，从而提高了代码的清晰度和可维护性。

3.5.2 案例实现

将代码的职责明确划分为数据访问层、业务逻辑层和表现层，这样的分离目的是增强应用的可维护性、可测试性和可扩展性。以下是一个简化的示例。

1. 数据访问层

定义一个接口及其实现类来管理博客文章的数据交互，这通常涉及数据库操作。接口声明了数据访问的方法，而实现类则提供了这些方法的具体实现，与数据库进行通信。

（1）定义接口。

PostRepository 接口定义了一组操作博客文章数据的方法，这些方法通常用于与数据存储（如数据库）进行交互。接口包含以下方法。

getAllPosts()：返回一个包含所有博客文章的列表。

getPostById(Long id)：根据提供的文章 ID 返回一个博客文章对象。

createPost(Post post)：创建一个新的博客文章，并将其添加到数据存储中。

deletePost(Long id)：根据提供的文章 ID 从数据存储中删除博客文章。

这个接口为数据访问层提供了一个抽象层，允许不同的实现类以不同的方式（例如，使用不同类型的数据库）来实现这些数据操作，同时保持业务逻辑层的一致性。示例代码如下：

```
import java.util.List;

public interface PostRepository {
    List<Post> getAllPosts();
    Post getPostById(Long id);
    Post createPost(Post post);
    boolean deletePost(Long id);
}
```

（2）接口的实现。

InMemoryPostRepository 类是 PostRepository 接口的一个实现，它提供了一个简单的内存数据存储来管理博客文章。这个实现使用了一个 static 的 ArrayList<Post> 来模拟数据库中的数据表。示例代码如下：

```java
import org.springframework.stereotype.Repository;

import java.time.LocalDateTime;
import java.util.ArrayList;
import java.util.List;

@Repository
public class InMemoryPostRepository implements PostRepository{
    private static final List<Post> posts = new ArrayList<>();

    static {
        // 静态初始化块填充预定义的文章数据
        posts.add(new Post(1L, "欢迎光临我的博客!", "这是第一个帖子",
                "张三", LocalDateTime.of(2029, 7, 1, 12, 0)));
        posts.add(new Post(2L, "如何学习Spring Boot", "通过AI工具学习是个好办法",
                "李四", LocalDateTime.of(2029, 7, 15, 14, 30)));
        // 添加更多预定义文章...
    }

    @Override
    public List<Post> getAllPosts() {
        return posts;
    }

    @Override
    public Post getPostById(Long id) {
        return posts.stream()
                .filter(post -> post.getId().equals(id))
                .findFirst()
                .orElse(null);
    }

    @Override
    public Post createPost(Post post) {
        // 生成新的ID,假设没有ID冲突
        long newId = posts.stream().mapToLong(Post::getId).max().orElse(0L) + 1;
        post.setId(newId);
        posts.add(post);
        return post;
    }

    @Override
    public boolean deletePost(Long id) {
        Post existingPost = getPostById(id);
        if (existingPost != null) {
            posts.remove(existingPost);
            return true;
```

```
        }
        return false;
    }
}
```

这个实现没有使用真正的数据库,而是在内存中进行操作,适用于测试或小型应用。在实际应用中,可能会使用 JPA、MyBatis 或其他 ORM(对象关系映射)工具来实现数据访问层的逻辑,与数据库进行交互,这在第 4 章中会详细介绍。

2. 业务逻辑层

PostService 类是一个服务组件,用于封装与博客文章相关的业务逻辑。它通过依赖注入获得数据访问层的 PostRepository 实例,并提供了一系列方法来执行获取、创建、删除文章的操作。示例代码如下:

```java
import org.springframework.stereotype.Service;

import java.util.List;

@Service
public class PostService {
    private final PostRepository postRepository;

    public PostService(PostRepository postRepository){
        this.postRepository = postRepository;
    }

    public List<Post> getAllPosts() {
        return postRepository.getAllPosts();
    }

    public Post getPostById(Long id) {
        return postRepository.getPostById(id);
    }

    public Post createPost(Post post) {
        return postRepository.createPost(post);
    }

    public boolean deletePost(Long id) {
        return postRepository.deletePost(id);
    }
}
```

3. 表现层

表现层是应用程序中与用户直接交互的部分,主要负责处理 HTTP 请求、生成响应,以及展示用户界面。PostController 类作为表现层的组件,通过依赖 PostService 对象来处理业务逻辑,避免了直接操作数据的细节,从而简化了控制器的职责并实现了更清晰的职责划分。这种设计使得 PostController 类专注于用户交互,而将数据处理委托给服务层。示例代码如下:

```java
import org.springframework.beans.factory.annotation.Autowired;
import org.springframework.http.ResponseEntity;
import org.springframework.web.bind.annotation.*;

import java.util.List;

@RestController
@RequestMapping("/api/posts")
public class PostController {
    private final PostService postService;

    @Autowired
    public PostController(PostService postService) {
        this.postService = postService;
    }
    @GetMapping
    public ResponseEntity<List<Post>> getAllPosts() {
        // 返回文章列表
        return ResponseEntity.ok()
                .body(postService.getAllPosts());
    }

    @GetMapping("/{postId}")
    public ResponseEntity<Post> getPostById(@PathVariable Long postId) {
        Post post = postService.getPostById(postId);

        if (post == null) {
            // 如果找不到对应的博客,返回 404 Not Found 响应
            return ResponseEntity.notFound().build();
        }

        return ResponseEntity.ok().body(post);
    }



    @PostMapping
    public ResponseEntity<Post> createPost(@RequestBody Post newPost) {

        return ResponseEntity.ok()
                .body(postService.createPost(newPost));
    }



    @DeleteMapping("/{postId}")
    public ResponseEntity<Void> deletePost(@PathVariable Long postId) {
        boolean postDeleted = postService.deletePost(postId);
        if (postDeleted) {
            return ResponseEntity.noContent().build(); // HTTP 204 No Content,表示删除成功
```

```
        } else {
            return ResponseEntity.notFound().build();
        }
    }
}
```

其中:

getAllPosts()方法处理 GET 请求,返回所有文章的列表。

getPostById(@PathVariable Long postId)方法处理带有特定文章 ID 的 GET 请求,返回单个文章或 404 错误。

createPost(@RequestBody Post newPost)方法处理 POST 请求,创建并返回新文章。

deletePost(@PathVariable Long postId)方法处理 DELETE 请求,根据文章 ID 删除文章,并返回 204 状态或 404 错误。

3.5.3 案例总结

通过分层架构设计,各个层次的职责得以明确。表现层专注于处理 HTTP 请求和响应,确保与用户的交互顺畅;业务逻辑层则承担起执行核心业务规则的任务;而数据访问层专门负责与数据存储进行交互。通过依赖注入,各层之间的耦合度得以降低,这不仅提升了代码的可测试性,也增强了系统的可维护性。在后续章节中,读者将会看到如何轻松地将数据源切换到实际的数据库,进一步提升系统的实用性。

习题 3

1. 在 Spring Boot 中实现字段级别的依赖注入的方法是(   )。
   A. 使用@Autowired 注解在字段上   B. 使用@Resource 注解在字段上
   C. 在构造器中通过参数注入   D. 都不对
2. 以下不是 Spring 进行依赖注入的方式是(   )。
   A. 使用@Autowired 注解   B. 使用构造函数注入
   C. 使用 setter 方法注入   D. 使用 new 关键字实例化对象
3. Spring Boot Starter 的作用是(   )。
   A. 提供快速集成常用库的依赖集合   B. 用于编写微服务
   C. 用于自动化配置 Spring 框架   D. 用于编写单元测试
4. Spring Boot 的 Starter 父 POM 是(   )。
   A. spring-boot-starter-parent   B. spring-boot-starter
   C. spring-boot-autoconfigure   D. spring-framework-bom
5. 使用 spring-boot-starter-web 是为了引入(   )依赖。
   A. Spring MVC 和 Tomcat   B. Spring Data JPA
   C. Spring WebSocket   D. Spring Security
6. 实现更新已存在的博客文章功能。

视频讲解

数据访问

在第 3 章的综合案例中,项目使用的是模拟数据,本章将展示如何将其替换为使用真实数据库的解决方案。在现代软件开发中,数据访问层是连接应用程序与数据存储的核心桥梁,它对于实现数据的高效管理和确保代码的可维护性及扩展性非常重要。本章将深入探讨 Spring Data JPA 的使用方法,包括其核心特性和最佳实践,提供实际的设计和实现指导。帮助读者快速理解并应用 Spring Data JPA,以构建一个既高效又灵活的数据访问层,满足不断演进的业务需求。

4.1 Spring Data JPA

4.1.1 Spring Data JPA 简介

JPA(Java Persistence API)是 Java 平台上的标准,它通过将 Java 对象映射到数据库表,为数据管理提供了一套 API。这使得开发者能够以面向对象的方式操作数据,从而简化了与关系数据库的交互。

Spring Data JPA 是对 JPA 的扩展,不仅遵循 JPA 规范,还增加了自动查询生成、分页和排序等高级功能。它通过 Repository 接口的模板方法和自定义查询支持,极大地减少了手动编码的工作量。Spring Data JPA 的智能方法解析和元数据使用,可以自动生成实体映射和数据操作代码,从而让开发者能够专注于核心业务逻辑,而不是数据库交互的细节。这种抽象和自动化不仅加快了开发速度,还提高了代码的清晰度和可维护性。

在使用 Spring Data JPA 时,开发者只需关注两件事:一是通过注解定义 Java 实体类以映射数据库结构,二是声明 Repository 接口并指定所需的数据操作方法。基于这些定义,Spring Data JPA 能够自动生成必要的实现代码。这使得数据访问变得简单而高效。

4.1.2 实体映射

Spring Data JPA 通过使用注解和方法命名约定来简化实体类与数据库表之间的映射。以下是一些主要注解的详细说明,这些注解是实现数据模型映射的基础。

1. @Entity 注解

@Entity 注解用于标记一个 Java 类为 JPA 实体,表示这个类将映射到数据库中的一个表。

例如,定义 User 类,使用@Entity 注解声明该类是一个 JPA 实体,它将映射到数据库中的表中,示例代码如下:

```
@Entity
public class User {
    // 类的其他部分
}
```

User 类将映射到一个名为 user 的数据库表。

2. @Table 注解

用于指定实体所对应的数据库表名,如果类名与表名不同,可以使用此注解来指定。

例如,通过@Table 注解,将 User 类映射到名为 users 的数据库表,示例代码如下:

```
@Table(name = "users")
public class User {
    // 类的其他部分
}
```

3. @Id 注解

用于标识实体类中的某个字段作为该实体的主键。每个实体至少有一个主键字段。

例如,使用@Id 注解将 id 属性设为主键,示例代码如下:

```
@Id
private Long id;
```

4. @GeneratedValue 注解

与@Id 注解结合使用,用于指定 JPA 实体主键的生成机制。@GeneratedValue 支持多种生成策略,包括以下几种。

(1) GenerationType.AUTO:由 JPA 提供者选择最适合的策略。
(2) GenerationType.IDENTITY:使用数据库的自增字段。
(3) GenerationType.SEQUENCE:使用数据库的序列生成主键值。
(4) GenerationType.TABLE:使用数据库中的一个特定的表来生成主键值。
(5) GenerationType.None:主键值由应用程序提供。

例如,使用@GeneratedValue 注解设置主键的生成策略为自增,示例代码如下:

```
@Id
@GeneratedValue(strategy = GenerationType.IDENTITY)
private Long id;
```

5. @Column 注解

用来指定实体类属性与数据库表列之间的映射关系,并允许通过注解的属性来自定义映射行为,从而为数据模型提供必要的灵活性和精确控制。例如,name 指定列名,nullable 指定是否允许为空,unique 确保值的唯一性,length 限制字符串长度等。

当实体类属性的名称和数据库表的列名不一致时,@Column 注解的 name 属性可以用来映射到正确的列名。例如,使用 @Column 注解可以将 firstName 属性映射到数据库中的 first_name 列,示例代码如下:

```
@Column(name = "first_name", nullable = false, length = 50)
private String firstName;
```

6. 关系注解

关系注解用于定义实体类之间的关联关系。这些关系注解反映了数据库中的外键关系,表达不同实体之间的逻辑联系。常用的关系注解包括 @OneToOne、@OneToMany、@ManyToOne、@ManyToMany 和 @JoinColumn 等。

(1) @OneToOne 注解:表示两个实体之间是一对一的关系。例如,一个用户(User)可以有一份个人资料,反之亦然。

(2) @OneToMany 注解:表示一个实体可以拥有多个其他实体的实例,但每个其他实体的实例只能属于一个实体。例如,一篇博客文章可以有多条评论。

(3) @ManyToOne 注解:与 @OneToMany 注解相对应,表示多个实体属于一个实体。例如,多条评论属于同一篇博客文章。

(4) @ManyToMany 注解:表示两个实体之间是多对多的关系。例如,一篇博客文章可以有多个标签,同时每个标签也可以有多篇博客文章。

(5) @JoinColumn 注解:通常与 @ManyToOne 注解或 @OneToOne 注解一起使用,用于指定外键列的名称和属性。

例如,可以通过关系注解在博客文章和评论之间建立一对多的关联关系,允许每篇博客文章关联多个评论。示例代码如下:

```
@Entity
public class post {
    // ...
    @OneToMany(mappedBy = "post")
    private List<Comment> comments;
}

@Entity
public class Comment{
    // ...
    @ManyToOne
    @JoinColumn(name = "post_id")
    private Post post;
}
```

这种设计模式允许在 Post 类中直接获取所有相关联的评论,同时也可以在 Comment 类中访问到它所属的文章。

7. 其他常见注解

(1) @Transient 注解:标记字段为瞬时状态,意味着这些字段不会被映射到数据库中。
(2) @Temporal 注解:用于指定日期和时间类型的字段,控制将日期时间映射到数据库。
(3) @Lob 注解:标记大对象字段,如长文本,以优化大数据量的存储和检索。

通过在 Java 实体类上应用这些注解,可以明确地指定数据模型,并指导 Spring Data JPA 如何将实体类映射到数据库表。例如,博客系统中的 Post 实体类可以通过以下 JPA 注解转换为符合规范的实体,示例代码如下:

```java
import jakarta.persistence.*;
import lombok.AllArgsConstructor;
import lombok.Data;
import lombok.NoArgsConstructor;
import java.time.LocalDateTime;

@Data
@AllArgsConstructor
@NoArgsConstructor
@Entity
public class Post {
    @Id
    @GeneratedValue(strategy = GenerationType.IDENTITY)
    private Long id;
    private String title;
    private String content;
    private String author;

    @Column(name = "published_date", nullable = false)
    private LocalDateTime publishedDate;
}
```

Post 类表示博客文章,具备以下属性:id 为唯一标识的主键,title 表示文章的标题,content 存储文章的正文内容,author 指定文章的作者,publishedDate 记录文章的发布日期且该日期字段不能为空。

4.1.3 Repository 接口

Spring Data JPA 的 Repository 接口是数据访问的核心,它简化了对实体数据的创建、读取、更新和删除(CRUD)操作。通过扩展 Spring Data 提供的接口,如 CrudRepository、PagingAndSortingRepository,或 JpaRepository,开发者能够声明性地实现数据访问。

(1) CrudRepository 接口提供了基础的 CRUD 方法,包括保存实体、根据 ID 查找以及删除实体。
(2) PagingAndSortingRepository 接口在 CrudRepository 接口的基础上增加了分页和排序功能,简化了复杂查询的实现。
(3) JpaRepository 接口进一步扩展了 CrudRepository 接口,提供了额外的查询方法和操作,如根据实体的状态执行操作。

通过 Repository 接口，Spring Data JPA 以声明式编程的方式简化了数据库操作。开发者只需指定所需的数据访问结果，而执行的具体细节由框架自动处理。利用这种方法，开发者可以通过直观的方法名来表达查询逻辑，省去了编写和维护 SQL 语句的复杂性。这种方式不仅提高了开发效率，也使得数据访问代码更加简洁和易于理解。

例如，创建一个名为 PostRepository 的 Repository 接口，它继承自 JpaRepository 接口，示例代码如下：

```java
public interface PostRepository extends JpaRepository<Post, Long> {
}
```

直接定义 PostRepository 接口并继承自 JpaRepository，将默认提供一组基础的 CRUD 操作。即使不写任何方法，继承了 JpaRepository 的 Repository 接口也会拥有一些基本的方法。

例如，在服务层或者控制器层中注入 PostRepository，就能直接调用 findAll() 方法，示例代码如下：

```java
@Service
public class PostService {
    @Autowired
    private PostRepository postRepository;

    public List<Post> getAllPosts() {
        return postRepository.findAll();
    }
}
```

由于 JpaRepository 接口已经内置了如 findAll() 等方法。所以，即使没有显式声明 findAll() 方法，PostRepository 接口仍然可以调用它来获取所有博客文章。这是 Spring Data JPA 提供的便利之一，它允许开发者通过继承 JpaRepository 接口来自动获得标准的数据访问方法，而无须显式定义它们。

在 Repository 接口中，如果需要执行特定的查询，开发者还可以声明自定义的查询方法。Spring Data JPA 通过解析这些方法的名称，自动生成相应的 SQL 或 HQL 查询语句，这样不仅减少了手动编写查询代码的工作量，也使得数据访问层的代码更加简洁和易于维护。

Spring Data JPA 提供了一种便捷的方法命名约定，通过在 Repository 接口中声明方法，并按照特定的命名规则命名这些方法，可以自动生成相应的查询语句，从而实现对数据库的数据访问操作。以下是一些常用的方法命名约定。

1. 基础操作

（1）findAll()：获取数据库中的所有记录。

（2）findById(ID id)：根据记录的唯一标识符(ID)来查询记录。

（3）save(T entity)：保存或更新一个记录。

（4）deleteById(ID id)：根据 ID 删除一个记录。

2. 条件查询

条件查询允许开发者通过 Repository 接口中符合特定命名规则的方法名来声明性地构建数

据库查询,实现基于不同条件的数据检索。

(1) 单一属性查询。

如果想根据某个属性查询,则可以在方法名中使用 findBy 加上属性名。例如 findByAuthor(String Author)会查找某一个作者的博客文章。

(2) 组合条件查询。

如果需要多个条件,则可以在方法名中用 And 或者 Or 连接它们。例如 findByAuthorAndTitle(String Author,String title)会查找某一个作者某一标题的博客文章。

(3) 比较条件查询。

支持大于(GreaterThan)、小于(LessThan)、不等于(Not)或者范围(Between)等比较条件进行查询。例如,findByAuthorNot(String Author)会查找作者不是谁的博客文章。

3. 模糊查询

对于模糊匹配,可以使用 Containing 或 Like。例如,findByTitleContaining(String titlePart)会查找标题中包含特定字符串的记录。

4. 排序

如果需要排序结果,可以使用 OrderBy 并指定是升序 Asc 还是降序 Desc。例如,findAllByOrderByPublishedDateDesc()方法按发布日期降序排序,获取所有文章。

以上是一些常见的命名约定,遵循这些命名约定,可以迅速、直观地构建高效的数据访问逻辑,免去了手写 SQL 或复杂查询构建的需要,从而显著提升开发效率。

例如,创建博客文章的 Repository 接口 PostRepository,继承自 JpaRepository,并声明一些简单的查询方法。

```
public interface PostRepository extends JpaRepository< Post, Long > {

    // 根据文章标题查找文章
    List < Post > findByTitle(String title);

    // 根据文章内容进行模糊搜索
    List < Post > findByContentContaining(String content);

    // 根据文章发布日期降序排序,查找所有文章
    List < Post > findAllByOrderByPublishedDateDesc();

    // 根据发布日期和标题查找文章
    List < Post > findByPublishedDateAndTitle(Date publishedDate, String title);

    // 查找按照作者名称排序的文章
    List < Post > findAllByOrderByAuthorAsc();
}
```

在这个 PostRepository 接口中,每个方法都遵循 Spring Data JPA 的命名约定来执行特定的查询。

4.2 事务管理

4.2.1 事务管理的概念

随着数据交互的日益频繁,如何在多用户、多任务的环境中维护数据的一致性和完整性,成为一个亟待解决的问题。想象一下在线购物的场景:用户完成付款,期待商品到手,同时银行账户的余额相应减少,商品库存也应得到更新。但是,如果在交易的任一环节发生故障,如支付失败或库存不足,就必须撤销所有已执行的操作,以确保用户的账户状态和商品库存恢复到交易前的状态。事务管理通过将这些操作封装在一个原子性的单元内,确保了这些步骤要么全部成功,要么在出错时全部撤销,从而保持数据的一致性。

事务遵循 ACID 原则,即原子性(Atomicity)、一致性(Consistency)、隔离性(Isolation)和持久性(Durability)。原子性确保操作要么全部完成,要么全部不完成。一致性保证数据库状态始终一致。隔离性保证了开发执行的事务互不干扰。持久性保证一旦提交,更改永久有效。例如,在博客系统中,将文章发布和评论保存操作纳入同一事务,可以防止数据不一致,确保系统稳定性。事务管理是现代数据库不可或缺的特性,为复杂业务逻辑和高并发操作提供了强有力的支持。

4.2.2 声明式事务管理

Spring Data JPA 通过 Spring 框架的声明式事务管理简化了事务处理。开发者无须手动编写复杂的事务控制代码,而是通过简单地在方法或类上应用特定的注解来定义事务的属性。

1. 基本用法

@Transactional 注解是 Spring 框架提供的一个注解,只要把它加在一个方法上,Spring 框架就会确保这个方法中的所有数据库操作在同一个事务中进行。

例如,将@Transactional 注解应用到更新博客文章的方法上,示例代码如下:

```java
@Service
public class PostService {
    @Autowired
    private PostRepository postRepository;

    @Transactional
    public void updatePost(Post post) {
        // 业务逻辑
        postRepository.save(post);
    }
}
```

这个示例中,updatePost()方法中的所有数据库操作都会在一个事务中执行。如果任何一个操作失败,整个事务就会回滚。

@Transactional 注解也可以应用到类上,如果注解应用在类级别,那么类中的所有方法将共享同一个事务。

2. 事务传播行为

除了最基本的情况外,一个事务中可能会调用另一个事务方法,被称为事务的传播行为。传播行为定义了一个事务方法被另一个事务方法调用时,事务如何传播。以下是常见的3种传播行为。

(1) REQUIRED:如果当前存在事务,则加入该事务;如果当前没有事务,则创建一个新的事务。

(2) REQUIRES_NEW:每次都会创建一个新的事务,如果当前有事务,则将当前事务挂起。

(3) SUPPORTS:支持当前事务,如果没有事务也可以正常执行,而不创建新事务。

默认情况下,@Transactional 的传播行为是 REQUIRED。

例如,博客项目中用户可以对某篇文章进行评论。每次有新评论时,更新文章的评论计数。这两个操作可以在不同的方法中完成,如果采用不同的事务传播行为,结果会有所不同,示例代码如下:

```java
@Service
public class CommentService {

    @Autowired
    private CommentRepository commentRepository;

    @Autowired
    private PostRepository postRepository;

    @Transactional(propagation = Propagation.REQUIRED)
    public void addComment(Long postId, String content) {
        Comment comment = new Comment();
        comment.setPostId(postId);
        comment.setContent(content);
        commentRepository.save(comment);
    }

    @Transactional(propagation = Propagation.REQUIRED)
    public void updateCommentCount(Long postId) {
        Post post = postRepository.findById(postId).orElseThrow();
        post.setCommentCount(post.getCommentCount() + 1);
        postRepository.save(post);
        // 假设这里发生异常
        throw new RuntimeException("Error while updating comment count");
    }

    @Transactional
    public void addCommentAndUpdateCount(Long postId, String content) {
        addComment(postId, content);
        updateCommentCount(postId);
    }
}
```

在addCommentAndUpdateCount()方法中,先调用addComment()方法添加评论,然后调用updateCommentCount()方法更新文章的评论计数。addComment()和updateCommentCount()方法都使用REQUIRED传播行为。如果updateCommentCount()方法抛出异常,则addComment()方法中保存的评论也会被回滚,因为它们都在同一个事务中。

如果将addComment()方法设置为REQUIRES_NEW传播行为,updateCommentCount()方法依然使用REQUIRED。当updateCommentCount()方法抛出异常时,只有updateCommentCount()方法中的操作会回滚,addComment()方法中的评论保存操作不会受到影响,因为它们属于不同的事务。

如果将addComment()方法设置为SUPPORTS传播行为,这意味着它将加入任何现有的事务,或在没有事务时独立执行。如果它被updateCommentCount()(使用REQUIRED传播行为)方法调用,两者将共享事务,并且任何异常都会导致整个事务回滚。然而,如果addComment()方法单独执行,它将不会有任何事务管理的保障,发生异常时不会回滚操作。

这个例子展示了如何根据不同的需求选择合适的事务传播行为,以确保数据的正确性和一致性,同时也确保了系统在出现错误时的鲁棒性。

3. 事务隔离级别

在一个应用中,可能有多个用户同时操作数据库。隔离级别就是用来控制这些操作之间的相互影响的。Spring提供了几种隔离级别,可以选择在多大程度上允许这些操作相互影响。

(1) READ_COMMITTED:只能读取已提交的数据,防止脏读。

(2) REPEATABLE_READ:确保在同一事务中多次读取相同数据,结果一致,防止不可重复读。

(3) SERIALIZABLE:最高的隔离级别,完全防止脏读、不可重复读和幻读,但可能导致性能下降。

例如,用户A开始添加评论,但在提交事务之前,用户B尝试查看该文章和评论。此时,用户B看不到用户A尚未提交的评论,示例代码如下:

```java
@Service
public class CommentService {

    @Autowired
    private CommentRepository commentRepository;

    @Transactional(isolation = Isolation.READ_COMMITTED)
    public List<Comment> viewComments(Long postId) {
        return commentRepository.findByPostId(postId);
    }

    @Transactional(isolation = Isolation.READ_COMMITTED)
    public void addComment(Long postId, String content) {
        Comment comment = new Comment();
        comment.setPostId(postId);
        comment.setContent(content);
        commentRepository.save(comment);
```

```
        // 只有在事务提交后,用户 B 才能看到这个评论
    }
}
```

这种情况避免了"脏读",用户 B 只能看到已经提交的数据。

如果将 addComment 方法的隔离级别改为 SERIALIZABLE,当用户 A 和用户 B 几乎同时尝试为同一篇文章添加评论时,在这个隔离级别下,只有一个用户的事务能先完成,另一个用户的事务会被阻塞,直到第一个事务完成。这避免了"幻读"现象,即使有多个用户同时操作,当前事务所看到的数据行数量也不会发生变化。这种隔离级别提供了极高的数据一致性,但由于事务之间相互阻塞,导致并发性能显著下降。

通过这个博客项目中的评论功能,读者可以看到不同的隔离级别如何控制多用户并发操作时的数据一致性问题。选择合适的隔离级别需要在数据一致性和系统并发性能之间进行权衡,根据具体的业务需求和系统特点来决定。

4.3 综合案例:博客项目的数据访问

4.3.1 案例描述

重构第 3 章的综合案例,通过 Spring Data JPA 来实现数据访问层,并连接到相应的数据库。在进行 Spring Data JPA 的数据访问层重构之前,需要先完成以下准备工作。

1. 安装数据库

为了设置数据库环境,读者可以根据需要选择并安装以下数据库服务器之一:MySQL、PostgreSQL、Oracle 或 SQLite。安装完成后,请确保数据库服务已启动,并可通过网络或本地连接进行访问。在开发和测试阶段,如果希望避免安装上述数据库服务器,可以选择使用 H2 数据库,它提供了一个轻量级的替代方案,无须安装即可直接嵌入应用程序中使用。

2. 添加数据库驱动依赖

在项目初始化时,读者可以通过向导选择所需的依赖,例如 H2 或 MySQL 的依赖。如果不小心错过了这一步,可以在项目的 pom.xml 文件(Maven 项目)中手动添加数据库的依赖。

(1) 添加 H2 数据库的依赖:

```xml
<dependency>
    <groupId>com.h2database</groupId>
    <artifactId>h2</artifactId>
    <scope>runtime</scope>
</dependency>
```

(2) 添加 MySQL 数据库的依赖:

```xml
<dependency>
    <groupId>mysql</groupId>
    <artifactId>mysql-connector-java</artifactId>
    <scope>runtime</scope>
```

```
</dependency>
```

3. 配置数据源

在配置数据源以连接到新安装的数据库时,需要在项目的配置文件(application.properties 或 application.yml)中指定数据库连接的详细信息。

(1) H2 数据库配置。

```
# H2 数据库配置
spring.datasource.url = jdbc:h2:mem:testdb;
spring.datasource.driverClassName = org.h2.Driver
spring.datasource.username = sa
spring.datasource.password =
spring.jpa.database-platform = org.hibernate.dialect.H2Dialect
```

配置 H2 数据库时,使用 H2 数据库的 JDBC 驱动,并采用默认的用户名(通常是 sa)和空密码进行连接。

除了基本设置外,还可以通过设置 DB_CLOSE_DELAY=-1 和 DB_CLOSE_ON_EXIT=FALSE 来保证数据库在应用退出后仍然保持开启状态,这有助于进行调试工作。

```
spring.datasource.url = jdbc:h2:mem:testdb;DB_CLOSE_DELAY=-1;DB_CLOSE_ON_EXIT=FALSE
spring.datasource.driverClassName = org.h2.Driver
spring.datasource.username = sa
spring.datasource.password =
spring.jpa.database-platform = org.hibernate.dialect.H2Dialect
spring.h2.console.enabled = true
```

同时,启用 H2 数据库的 Web 控制台功能,只需在配置文件中添加 spring.h2.console.enabled=true。这样,就可以通过访问 http://localhost:8080/h2-console 来使用 H2 数据库的 Web 控制台,如图 4-1 所示。

图 4-1　H2 数据库的 Web 控制台

单击"连接"按钮,就可以连接到 H2 数据库。

(2) MySQL 数据库配置。

```
# MySQL 数据库配置
spring.datasource.url=jdbc:mysql://localhost:3306/mydb?useSSL=false&serverTimezone=UTC
spring.datasource.username=myuser
spring.datasource.password=mypassword
spring.datasource.driver-class-name=com.mysql.jdbc.Driver
spring.jpa.hibernate.ddl-auto=update
spring.jpa.show-sql=true
```

读者配置 MySQL 作为数据源时,请确保将 localhost:3306/mydb 替换为自己实际的数据库地址和名称,同时将 myuser 和 mypassword 更改为自己的数据库用户名和密码。此外,还可以将 spring.jpa.hibernate.ddl-auto 属性设置为 update,这样在应用启动时会自动同步数据库结构,以适应用户的实体类变化。

完成上述配置后,Spring Boot 应用将连接到指定的数据库。

4.3.2 案例实现

使用 Spring Data JPA 进行数据访问,需要完成以下步骤。

1. 添加依赖

确保在 pom.xml 或 build.gradle 文件中添加 Spring Data JPA 依赖。

```xml
<dependency>
    <groupId>org.springframework.boot</groupId>
    <artifactId>spring-boot-starter-data-jpa</artifactId>
</dependency>
```

2. 定义实体类

为了将 Post 类转换为符合 JPA 规范的实体类,需要使用 JPA 注解来描述类与数据库表之间的映射关系。修改后的 Post 类代码如下:

```java
import jakarta.persistence.*;
import lombok.AllArgsConstructor;
import lombok.Data;
import lombok.NoArgsConstructor;

import java.time.LocalDateTime;

@Data
@AllArgsConstructor
@NoArgsConstructor
@Entity
public class Post {
    @Id
    @GeneratedValue(strategy = GenerationType.IDENTITY)
```

```
    private Long id;
    private String title;
    private String content;
    private String author;

    @Column(name = "published_date", nullable = false)
    private LocalDateTime publishedDate;
}
```

3. 创建 Repository 接口

```
public interface PostRepository extends JpaRepository<Post, Long> {
    List<Post> findAll();
    Optional<Post> findById(Long id);
    Post save(Post post);
    void deleteById(Long id);
}
```

不需要为 Spring Data JPA 定义的 Repository 接口编写实现类。Spring Data JPA 的智能之处在于它能够根据接口方法的声明自动生成实现代码。开发者只需定义接口方法来表达数据访问需求，Spring Data JPA 会在后台自动处理查询逻辑和数据访问操作。这一特性极大地提升了开发效率，并简化了数据访问层的代码编写。

4. 业务逻辑层

业务逻辑层的实现与第 3 章介绍的保持一致，仅对查找单个博客文章的方法进行了细微调整。代码如下：

```
import org.springframework.stereotype.Service;

import java.util.List;
import java.util.Optional;

@Service
public class PostService {
    private final PostRepository postRepository;

    public PostService(PostRepository postRepository){
        this.postRepository = postRepository;
    }

    public List<Post> getAllPosts() {
        return postRepository.findAll();
    }

    public Optional<Post> getPostById(Long id) {
        return postRepository.findById(id);
    }

    public Post createPost(Post post) {
```

```java
        return postRepository.save(post);
    }

    public void deletePost(Long id) {
        postRepository.deleteById(id);
    }
}
```

Optional 类是 Java 8 中引入的一个类，提供了一种优雅的方式来处理可能为 null 的值。它封装了可能不存在的值，允许开发者以更安全、更具表达性的方式编写代码，避免了 NullPointerException 异常。通过提供如 isPresent()、get()、orElse() 等方法，Optional 类使得值的检查和访问变得更加简洁和直观。

5. 表现层

表现层的 PostController 类也只对查找单篇博客文章的方法进行了微调，代码如下：

```java
import org.springframework.beans.factory.annotation.Autowired;
import org.springframework.http.ResponseEntity;
import org.springframework.web.bind.annotation.*;

import java.util.List;
import java.util.Optional;

@RestController
@RequestMapping("/api/posts")
public class PostController {
    private final PostService postService;

    @Autowired
    public PostController(PostService postService) {
        this.postService = postService;
    }
    @GetMapping
    public ResponseEntity<List<Post>> listPosts() {
        // 返回文章列表
        return ResponseEntity.ok()
                .body(postService.getAllPosts());
    }

    @GetMapping("/{postId}")
    public ResponseEntity<Optional<Post>> getPostById(@PathVariable Long postId) {
        Optional<Post> post = postService.getPostById(postId);

        if (post.isEmpty()) {
            // 如果找不到对应的博客，返回 404 Not Found 响应
            return ResponseEntity.notFound().build();
        }

        return ResponseEntity.ok().body(post);
```

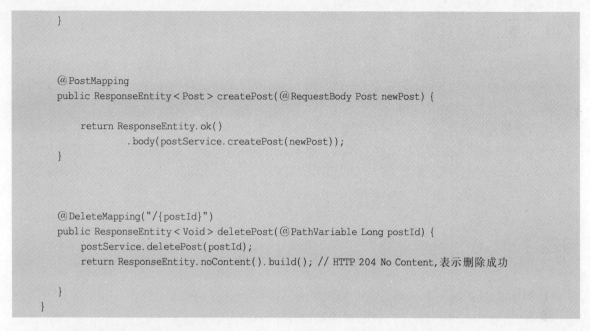

```
    @PostMapping
    public ResponseEntity<Post> createPost(@RequestBody Post newPost) {

        return ResponseEntity.ok()
                .body(postService.createPost(newPost));
    }



    @DeleteMapping("/{postId}")
    public ResponseEntity<Void> deletePost(@PathVariable Long postId) {
        postService.deletePost(postId);
        return ResponseEntity.noContent().build(); // HTTP 204 No Content,表示删除成功

    }
}
```

在完成编写代码并启动应用程序之后,可以使用 Postman 工具来测试 API。通过发送一个适当的 POST 请求来创建新的博客文章。如果 API 响应成功,表示文章已添加到系统中。验证数据是否确实被保存到 H2 数据库中,步骤如下所述。

(1) 访问 http://localhost:8080/h2-console,进入 H2 控制台界面。

(2) 单击"连接"按钮连接到数据库。

(3) 单击左侧树状菜单栏上的 POST 表,或者在 SQL 查询框中输入"SELECT * FROM POST"语句。

(4) 然后,单击 Run 按钮执行查询。如果数据已成功保存在 H2 数据库中,就能在表格里看到新增博客文章成功信息,如图 4-2 所示。

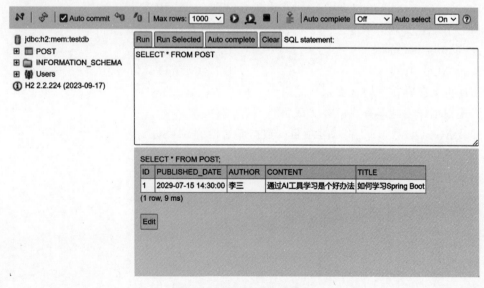

图 4-2　新增博客文章信息

4.3.3 案例总结

本博客项目是一个简洁而全面的 Spring Boot 应用程序示例,展示了如何利用 Spring Boot 框架实现快速开发。通过 Spring Data JPA,数据访问层的开发被大幅简化,Repository 接口和实体映射减少了对复杂数据库操作的需求。

高效的数据访问层设计是确保应用程序与数据存储高效交互的关键。通过抽象化数据访问层,能够将业务逻辑与数据库的具体实现细节解耦,利用对象关系映射(ORM)框架简化数据模型与数据库之间的映射,减少手动编写 SQL 语句的复杂性。在性能优化方面,将在第 5 章中介绍合理使用缓存以提高数据读取性能。

习题 4

1. 使用 Spring Data JPA 时,匹配 SQL 操作,下面说法正确的是(   )。
    A. 方法名必须以 findBy 开头,后跟属性名
    B. 方法名可以任意,但需使用@Query 注解指定 SQL 或 HQL
    C. 必须使用 NativeQuery 注解来执行原生 SQL
    D. 只能使用 JPA 的 Criteria API 来构建动态查询
2. 以下在自定义的 Repository 接口中定义一个返回所有实体查询方法的是(   )。
    A. findAll()   B. findById()   C. saveAll()   D. deleteAll()
3. 以下用于配置 JPA 实体类生成的表名属性是(   )。
    A. @Table(name="")
    B. @Entity(name="")
    C. @SequenceGenerator(name="")
    D. @GeneratedValue(strategy=GenerationType.TABLE)
4. 以下用于在实体类中定义一个一对一关系的注解是(   )。
    A. @OneToOne   B. @OneToMany
    C. @ManyToOne   D. @ManyToMany
5. 实现更新已存在的博客文章功能。
6. 实现根据作者姓名查找博客文章功能。
7. 安装 MySQL 数据库,将博客项目的数据库切换到 MySQL。

第5章

视频讲解

缓 存

在处理大量数据或面对频繁查询时,数据库的读取操作可能会变得缓慢。为了提升效率,可以通过缓存常用查询结果来优化这一过程。缓存将数据暂存于内存中,从而降低数据库的负载,减少网络延迟,提高并发处理能力和用户满意度。利用缓存,系统能够在不重新查询数据库的情况下迅速访问数据,这不仅加快了响应时间,也增强了系统的整体可扩展性。

5.1 缓存基础

5.1.1 缓存简介

缓存是一种临时存储机制,用于存储频繁访问的数据以加速数据检索,从而提升系统性能和响应速度。其工作原理是:当数据被请求时,系统首先查询缓存。如果缓存中已有该数据,则立即提供给用户;如果没有,则从原始数据源获取数据,并更新到缓存中,供未来请求快速访问。

缓存显著提升了数据的读取速度,有效减轻了后端数据库的工作负担。通过减少对原始数据源的直接查询,它缩短了系统响应时间,增强了整体性能,并且有助于节约宝贵的计算资源和降低带宽成本。它的应用场景广泛,特别适用于对于读取操作频繁但内容更新不频繁的数据。同样,对于那些需要重复进行且计算成本高昂的结果,缓存可以避免不必要的重复计算,确保结果能够被快速复用。

通过将一些数据存储在缓存中,系统能够更迅速地响应用户的请求,提升用户体验。例如,在博客系统中,首页通常需要展示最新的或热门的文章列表。由于这些列表的信息更新频率不高,但访问量很大,因此非常适合使用缓存来存储查询结果。这样不仅可以减轻数据库的访问压力,还能加快页面加载速度,提升用户体验。还有文章详情页、文章浏览次数、点赞数等统计信息也非常适合使用缓存技术。

5.1.2　Spring Boot 对缓存的支持

Spring 框架提供了一套统一的缓存抽象层,通过丰富的注解和灵活的配置选项,允许开发者以一致性的方式整合多种缓存技术。这种抽象层隐藏了缓存的具体实现细节,使开发者能够集中精力于业务逻辑的实现,而无须深入了解缓存技术的具体操作。

Spring Boot 进一步简化了这一过程,通过自动配置和即插即用的默认设置,极大地降低了缓存集成的复杂性。开发者只需进行少量配置,即可快速在应用中启用和管理缓存功能。

CacheManager 是 Spring 框架定义的一个接口,用于统一管理和协调不同的缓存实现。在 Spring Boot 项目中,一旦添加了如 Redis 或 Memcached 等缓存依赖,Spring Boot 将自动配置一个默认的 CacheManager 实例。这个实例能够智能识别所引入的缓存库,并根据应用配置自动进行适配和调整,实现与缓存系统的无缝集成。

选择合适的缓存策略是使用缓存的第一步。Spring Boot 支持多种缓存技术,常用的缓存技术如下所述。

(1) EhCache 适合本地缓存,易于配置且轻量级。

(2) Hazelcast 提供了内存数据网格解决方案,擅长处理大规模分布式环境下的数据缓存和计算。

(3) Caffeine 是一个高性能的本地缓存库,优化了响应时间和吞吐量。

(4) Redis 是功能丰富、高性能的内存数据库,支持多种数据结构和丰富的功能特性。使用分布式键值存储,适用高并发和数据共享场景。

开发者可以根据项目需求,如数据规模、性能要求、部署环境等因素,灵活选择最适合的缓存实现,充分利用 Spring Boot 的缓存抽象层,实现高效、便捷的缓存管理。

对于小型项目或单个实例的应用,Caffeine 提供了简单而高效的内存缓存解决方案。如果需要跨实例或服务器共享缓存数据,或避免单点故障,Redis 是理想的选择,它是一个功能丰富、高性能的内存数据库。对于需要复杂缓存配置的项目,如持久化、多级缓存、过期策略等,EhCache 提供了强大、灵活的缓存库。

对于初学者,Caffeine 是一个很好的起点,因为它是一个 Java 库,无须单独安装,可以直接作为依赖添加到项目中。使用 Maven 或 Gradle 等构建工具可以轻松管理依赖。未来如果需要迁移到分布式缓存如 Redis,由于 Spring Cache 抽象层的存在,代码改动将非常有限。

选择好了合适的缓存技术之后,使用缓存技术的步骤如下所示。

(1) 添加依赖。

例如,如果选择使用 Caffeine 作为缓存解决方案,需要在 pom.xml 文件(Maven 项目)中添加以下依赖项。

① Spring Boot 的缓存启动器依赖,它包含了 Spring 缓存抽象层的基础支持。

```xml
<dependency>
    <groupId>org.springframework.boot</groupId>
    <artifactId>spring-boot-starter-cache</artifactId>
</dependency>
```

② Caffeine 缓存库的依赖，它提供了本地缓存的实现。

```xml
<dependency>
    <groupId>com.github.ben-manes.caffeine</groupId>
    <artifactId>caffeine</artifactId>
</dependency>
```

添加这些依赖之后，Spring Boot 将自动配置 Caffeine 作为应用的缓存提供者。

（2）配置缓存类型。

要在 Spring Boot 应用中配置缓存类型，需要在 application.properties 或 application.yml 配置文件中设置相应的属性。例如，若选择使用 Caffeine 作为缓存解决方案，在 application.properties 文件中添加配置如下：

```
spring.cache.type = caffeine
```

这行配置指示 Spring Boot 使用 Caffeine 作为缓存管理器的类型。如果需要配置其他缓存类型，如 EhCache，只需将 caffeine 替换为相应的缓存类型名称。

（3）启用缓存。

要启用缓存功能，需要在应用的主配置类或主类上添加@EnableCaching 注解。这个注解激活了 Spring 框架的缓存机制，允许该项目的方法通过特定的缓存注解来利用缓存。

```java
@Configuration
@EnableCaching
public class CacheConfig {
    // 可以在这里添加自定义缓存配置
}
```

（4）为方法添加缓存注解。

要在应用中实现方法级别的缓存，可以对特定的方法使用缓存注解。缓存注解具体内容将在 5.1.3 节中讲解。

（5）测试和优化。

运行应用程序并测试缓存功能。根据实际性能和需求，调整缓存的配置，如过期时间、缓存大小等。

5.1.3 缓存注解

Spring 框架通过一系列缓存注解提供了声明式缓存管理，这些注解使得开发者能够以一种简洁而高效的方式控制方法的缓存逻辑，减少对数据库的查询或重复计算的需求。以下是一些主要的缓存注解。

1. @Cacheable 注解

@Cacheable 注解应用于方法，指示该方法的结果可以被缓存。当此方法再次被调用，并且缓存中已经存在相应的结果时，将直接返回缓存的结果，而不会重新执行方法。这种方式可以避免重复的计算和数据库查询，从而提高应用性能。

@Cacheable 注解的基本语法格式如下：

```
@Cacheable(cacheNames = "缓存名称", condition = "条件表达式", key = "生成缓存键的表达式")
```

(1) cacheNames 或 value：必选参数，用于指定一个或多个缓存名称。缓存名称可以是字符串数组，表示方法的结果可以被缓存到一个或多个不同的缓存区域。

(2) condition：可选参数，设置缓存条件用于确定是否应该缓存结果。如果条件为 false，则方法结果不会被缓存。为 true 时，结果才会被缓存。

(3) key：可选参数，用于生成缓存键的表达式，默认是使用方法参数生成缓存键。可以自定义生成策略，以确保缓存的唯一性。

例如，将缓存注解应用于获取单篇博客文章的方法，以实现对该内容的快速检索，示例代码如下：

```java
import org.springframework.cache.annotation.Cacheable;
import org.springframework.stereotype.Service;

@Service
public class PostService {

    private final PosttRepository repository;

    public PostService(PostRepository repository) {
        this.repository = repository;
    }

    // 使用@Cacheable 注解缓存文章内容
    @Cacheable(value = "posts", key = "#postId")
    public Post getPostById(Long postId) {
        return repository.findById(postId).orElse(null);
    }
}
```

在这个例子中，value = "posts" 定义了缓存区域的名称为 posts，意味着所有通过 getPostById 方法缓存的数据都将归档在这个指定的缓存区域。key = "#postId" 利用了 Spring 的表达式语言（Spring Expression Language，SpEL）来动态引用方法参数 postId 作为缓存键，确保每篇博客文章的内容根据其唯一 ID 存储在缓存中。

首次调用 getPostById 方法时，会触发数据库查询，并将查询结果存入缓存，使用文章的 ID 作为键。随后，当再次使用相同的 ID 调用该方法时，Spring 框架将先检查缓存，如果缓存中存在对应的数据，则直接从缓存中返回结果，避免了重复的数据库查询。

2. @CachePut 注解

@CachePut 注解用于在方法执行后更新缓存中的条目。与@Cacheable 注解不同，@CachePut 注解确保即使缓存中已经存在相同键的条目，被注解的方法仍然会被执行。执行后，该方法的返回值将更新缓存中的条目，覆盖任何现有的值。

这种机制非常适合于那些需要确保缓存数据最新性的场景，例如在数据更新操作之后，使用@CachePut 注解，开发者可以保证缓存与数据库或其他数据源保持同步。

例如,将@CachePut 注解应用于更新文章内容的方法,示例代码如下:

```java
import org.springframework.cache.annotation.CachePut;
import org.springframework.cache.annotation.Cacheable;
import org.springframework.stereotype.Service;

@Service
public class PostService {

    private final PostRepository repository;

    public Post PostService(PostRepository repository) {
        this.repository = repository;
    }

    // 使用@Cacheable 获取文章内容
    @Cacheable(value = "posts", key = "#postId")
    public Post getPostById(Long postId) {
        return repository.findById(postId).orElse(null);
    }

    // 使用@CachePut 在更新文章后同步更新缓存
    @CachePut(value = "posts", key = "#postId")
    public Post updatePost(Post post) {
        return repository.save(post);
    }
}
```

当调用 updatePost()方法时,首先执行的是数据库的更新操作。随后,@CachePut 注解自动触发,它将更新缓存中的相应文章数据。这一过程确保了在数据变更之后,缓存中的数据与数据库保持同步,从而在下次查询时能够直接从缓存中获取到最新的内容,无须再次查询数据库。

3. @CacheEvict 注解

@CacheEvict 注解用于在方法执行后清除缓存。这个注解可以应用于方法上,告诉 Spring 缓存管理器在该方法执行完毕后,应该从缓存中移除特定的缓存项。

例如,将@CacheEvict 注解应用于删除文章的方法,示例代码如下:

```java
import org.springframework.cache.annotation.CacheEvict;
import org.springframework.cache.annotation.Cacheable;
import org.springframework.stereotype.Service;

@Service
public class PostService {

    private final PostRepository repository;

    public PostService(PostRepository repository) {
        this.repository = repository;
    }
```

```
    // ...

    // 使用@CacheEvict注解在删除文章后移除对应的缓存
    @CacheEvict(value = "posts", key = "#postId")
    public void deletePostById(Long postId) {
        repository.deleteById(postId);
    }
}
```

执行删除操作后,通过使用@CacheEvict注解,可以确保缓存中与被删除数据相关的旧数据项被及时清除。这一机制有效地避免了缓存未及时更新可能引起的数据不一致问题。

4. @CacheConfig注解

@CacheConfig注解用于在类级别声明缓存配置。当同一个类需要在多个方法上使用缓存注解时,使用@CacheConfig注解可以避免在每个方法上重复相同的缓存配置。

例如,博客项目中,有多个方法都涉及相同的缓存区域和一些共通的配置,使用@CacheConfig注解可以简化代码,示例代码如下:

```
import org.springframework.cache.annotation.CacheConfig;
import org.springframework.cache.annotation.CacheEvict;
import org.springframework.cache.annotation.Cacheable;
import org.springframework.stereotype.Service;

@Service
@CacheConfig(cacheNames = "posts")      // 在类级别设置默认缓存区域
public class PostService {

    private final PostRepository repository;

    public PostService(PostRepository repository) {
        this.repository = repository;
    }

    // 使用默认缓存区域"posts"
    @Cacheable(key = "#postId")
    public Post getPostById(Long postId) {
        return repository.findById(postId).orElse(null);
    }

    // 同样使用默认缓存区域"posts",并添加额外的Evict配置
    @CacheEvict(key = "#postId")
    public void updatePost(Post post) {
        repository.save(post);
    }

    // 也可以在方法级别覆盖类级别的配置
    @CacheEvict(value = "recentPosts", allEntries = true)
    public void publishNewPost(Post post) {
```

```
        repository.save(post);
    }
}
```

在这个示例中,PostService 类使用@CacheConfig 注解指定了默认的缓存区域 posts。该类中所有使用缓存注解的方法将继承这一配置,除非它们明确指定了不同的缓存区域。

5.2 综合案例:新增获取热门帖子的功能

5.2.1 案例描述

获取热门帖子是一个典型的业务需求,本案例专注于实现这一功能。由于热门帖子列表通常具有较高的稳定性,不必每次用户请求时都重新从数据库中查询。通过实施高效的缓存机制,不仅可以显著提高响应速度,还能有效降低数据库的负载。为了简化实现过程,本案例选择浏览量作为衡量帖子热门程度的主要指标。在创建博客时,将随机赋予每篇博客一个浏览量值,以模拟真实世界中的访问情况。

5.2.2 案例实现

为了降低实现难度,本案例选择 Caffeine 作为缓存解决方案,依赖和缓存配置见 5.1.2 节。

1. 定义实体

Post 类新增一个 views 成员变量,用于记录博客的浏览量。在文章发布时,views 将被随机初始化,以模拟真实的用户访问数据。具体代码如下:

```
import jakarta.persistence.*;
import lombok.AllArgsConstructor;
import lombok.Data;
import lombok.NoArgsConstructor;

import java.time.LocalDateTime;

@Data
@AllArgsConstructor
@NoArgsConstructor
@Entity
public class Post {
    @Id
    @GeneratedValue(strategy = GenerationType.IDENTITY)
    private Long id;
    private String title;
    private String content;
    private String author;
    private int views;      // 浏览量,创建时随机分配
```

```
    @Column(name = "published_date", nullable = false)
    private LocalDateTime publishedDate;
}
```

2. 数据访问层

PostRepository接口扩展了一个新的方法,用于检索当前最热门的博客帖子。该方法通过特定的排序逻辑,根据浏览量或其他指标筛选出排名最高的文章。代码如下:

```
import org.springframework.data.jpa.repository.JpaRepository;
import org.springframework.stereotype.Repository;

import java.util.List;
import java.util.Optional;

@Repository
public interface PostRepository extends JpaRepository<Post, Long> {

    // 获取所有的博客
    List<Post> findAll();

    // 获取单篇博客
    Optional<Post> findById(Long id);

    // 保存博客
    Post save(Post post);

    // 删除单篇博客
    void deleteById(Long id);

    // 获得最热门博客
    List<Post> findTop3ByOrderByViewsDesc();
}
```

findTop3ByOrderByViewsDesc方法用于检索浏览量最高的三篇博客。该方法按照博客的views属性进行降序排序。

3. 业务逻辑层

对创建博客的方法进行了改进,在博客创建时会随机生成一个浏览量,以模拟真实的用户访问行为。另外,新增了一个方法,专门用于检索浏览量最高的三篇博客,代码如下:

```
import org.springframework.cache.annotation.CacheEvict;
import org.springframework.cache.annotation.Cacheable;
import org.springframework.stereotype.Service;

import java.util.List;
import java.util.Optional;
import java.util.Random;

@Service
```

```java
public class PostService {
    private final PostRepository postRepository;

    public PostService(PostRepository postRepository){
        this.postRepository = postRepository;
    }

    public List<Post> getAllPosts() {
        return postRepository.findAll();
    }

    public Optional<Post> getPostById(Long id) {
        return postRepository.findById(id);
    }

    @CacheEvict(value = "topPosts", allEntries = true)
    public Post createPost(Post post) {
        Random random = new Random();
        int randomViews = random.nextInt(1000) + 1;
        post.setViews(randomViews);
        return postRepository.save(post);
    }

    @Cacheable(value = "topPosts")
    public List<Post> getTopPopularPosts() {
        return postRepository.findTop3ByOrderByViewsDesc();
    }


    public void deletePost(Long id) {
        postRepository.deleteById(id);
    }
}
```

在创建博客时,使用@CacheEvict 注解清除整个热门博客的缓存。这确保了在下一次请求时,系统会重新计算热门博客列表,从而更新缓存。这个方案牺牲了一定的实时性,因为热门博客列表不会在每次创建博客后立即更新,而是等到下一次请求时才更新。但对于初学者项目,它简化了实现逻辑,同时保证了核心功能的可用性。

4. 表现层

在表现层中的控制器类新增了获取最热门博客的方法,代码如下:

```java
import org.springframework.beans.factory.annotation.Autowired;
import org.springframework.http.ResponseEntity;
import org.springframework.web.bind.annotation.*;

import java.util.List;
import java.util.Optional;

@RestController
```

```java
@RequestMapping("/api/posts")
public class PostController {
    private final PostService postService;

    @Autowired
    public PostController(PostService postService) {
        this.postService = postService;
    }
    @GetMapping
    public ResponseEntity<List<Post>> listPosts() {
        // 返回文章列表
        return ResponseEntity.ok()
                .body(postService.getAllPosts());
    }

    @GetMapping("/{postId}")
    public ResponseEntity<Optional<Post>> getPostById(@PathVariable Long postId) {
        Optional<Post> post = postService.getPostById(postId);

        if (post.isEmpty()) {
            // 如果找不到对应的博客,返回 404 Not Found 响应
            return ResponseEntity.notFound().build();
        }

        return ResponseEntity.ok().body(post);
    }


    @PostMapping
    public ResponseEntity<Post> createPost(@RequestBody Post newPost) {

        return ResponseEntity.ok()
                .body(postService.createPost(newPost));
    }



    @DeleteMapping("/{postId}")
    public ResponseEntity<Void> deletePost(@PathVariable Long postId) {
        postService.deletePost(postId);
        return ResponseEntity.noContent().build(); // HTTP 204 No Content,表示删除成功

    }
    @GetMapping("/top")
    public ResponseEntity<List<Post>> getTopPopularPosts() {
        return ResponseEntity.ok()
                .body(postService.getTopPopularPosts());
    }

}
```

完成博客文章 API 的编码并启动应用后,即可利用 Postman 进行 API 测试。

5.2.3 案例总结

通过合理运用缓存,可以在提高响应速度的同时减轻数据库的压力,从而更好地满足用户的请求。在实际项目中,缓存策略的优化是一个持续的过程。依据实际运行时的性能指标和用户行为数据,可以不断调整缓存的过期策略、手动清理的触发条件,以追求更佳的性能表现。对于频繁访问的数据,可以采用多级缓存策略,例如在应用程序内部使用本地缓存(如 Caffeine),在分布式环境中利用分布式缓存(如 Redis),以在内存使用和缓存效率之间取得平衡。同时,建立监控和日志系统,实时追踪缓存命中率、缓存操作性能,以及缓存失效和清理的情况,以便及时发现潜在的性能瓶颈和配置问题。如读者对缓存部分感兴趣,可以继续深入学习缓存的监控和调试、缓存的分布式管理等内容。

习题 5

1. 关于缓存的主要目的,以下描述正确的是(　　)。
   A. 提高数据处理速度　　　　　　　B. 提高数据库访问频率
   C. 增加数据一致性　　　　　　　　D. 以上都是
2. 在 Java 中,使用 Spring Data JPA,以下可用于将查询结果缓存的注解是(　　)。
   A. @Transactional　　　　　　　　B. @Cacheable
   C. @CacheEvict　　　　　　　　　D. @PreAuthorize
3. 在 Spring 框架中,使用@Cacheable 注解时,指定缓存的 key 正确的是(　　)。
   A. @Cacheable(key="#id")
   B. @Cacheable(value="myCache", key="#id")
   C. @Cacheable(cacheKey="#id")
   D. @Cacheable(cacheName="myCache", cacheKey="#id")

视频讲解

日 志

在现代软件开发中，日志记录是不可或缺的组成部分。它不仅是排查问题和调试代码的重要工具，更是在生产环境中监测应用程序健康状况的关键手段。Spring Boot 作为一个优秀的 Java 开发框架，为开发者提供了便利的日志管理工具，使得记录和追踪应用程序的关键信息变得轻而易举。本章将介绍 Spring Boot 的日志系统，包括其默认配置、自定义日志输出的方法，以及如何通过日志增强应用的可维护性和监控能力。

6.1 日志框架简介

6.1.1 日志的概念与作用

日志是一种记录软件系统运行时事件、状态和行为的方式，它捕获了系统运行过程中的关键信息，如错误、警告、调试细节、用户活动及系统状态等。这些日志通常以文本格式存储，便于在遇到系统故障、性能问题或安全事件时，协助开发者和系统管理员进行故障诊断、性能调优和安全审核。

日志主要包括以下功能。

(1) 记录系统错误与异常，协助开发者迅速定位并解决问题，从而增强系统的稳定性和可靠性。

(2) 通过捕捉性能指标，如响应时间和请求处理时间，可以实时监控系统性能并进行优化，提升运行效率。

(3) 日志还记载用户操作和安全事件，有利于进行安全审计和合规性检查。

(4) 追踪业务流程和用户行为，以优化业务流程并改进用户体验，同时满足法规遵从性要求。

6.1.2　Spring Boot 日志体系

Spring Boot 的日志体系以其灵活性和高可配置性著称，允许开发者基于项目需求选择和集成不同的日志框架。其核心优势在于采用 SLF4J(Simple Logging Facade for Java)作为标准化日志接口层，为各种日志实现提供了统一的 Logger 抽象。这种抽象为不同的日志框架提供了统一的访问方式。

SLF4J 的设计理念是为 Java 应用程序提供一个统一且简化的日志 API。这种设计使得开发者在编码时无须深入底层日志实现的细节，从而简化了开发过程。通过抽象出通用的日志接口，SLF4J 允许开发者轻松地在不同的日志框架之间切换，无须修改代码中的日志调用。这不仅增强了代码的可移植性，还显著提升了系统的可维护性。

SLF4J 的统一 API 支持多种日志框架，包括 Log4J、Log4J2 和 Logback 等。Log4J 和 Log4J2 是两个不同版本，Log4J2 作为 Log4J 的升级版，提供了更高的性能和更丰富的功能，以及一个模块化的架构设计。对于新的项目，通常推荐使用 Log4J2。Logback 是 Log4J 的直接后继者，提供了更好的性能和功能，是 Spring Boot 的默认日志框架选择。通过 SLF4J，开发者可以根据自己的项目需求和偏好，灵活选择最合适的日志框架。

6.1.3　基本日志记录

SLF4J 是一个日志抽象层，它为各种日志框架提供了一个统一的 API，允许开发者在不修改代码的情况下更换底层的日志实现。SLF4J 的基本用法如下。

1. 添加依赖

在 Spring Boot 项目中，默认配置了 SLF4J 和 Logback，为日志记录提供了一个简单而高效的解决方案。一般情况下，无须额外配置即可满足基本需求。如果项目需要使用其他日志框架，如 Log4J2，可以通过在 pom.xml 文件中排除 Logback 并添加 Log4J2 的依赖来实现。

```xml
<!-- 排除 Logback 依赖 -->
<dependency>
    <groupId>org.springframework.boot</groupId>
    <artifactId>spring-boot-starter</artifactId>
    <exclusions>
        <exclusion>
            <groupId>ch.qos.logback</groupId>
            <artifactId>logback-classic</artifactId>
        </exclusion>
    </exclusions>
</dependency>

<!-- 添加 Log4J2 依赖 -->
<dependency>
    <groupId>org.springframework.boot</groupId>
    <artifactId>spring-boot-starter-log4j2</artifactId>
</dependency>
```

2. 获取日志管理器

日志记录器(Logger)是日志系统的核心组件,它负责记录应用程序运行时的各类信息,包括普通信息、警告、错误以及调试数据。Logger 提供了多种日志方法,如 debug()、info()、warn()、error()等,这些方法帮助开发者追踪程序的运行状态和定位潜在问题。

在 Spring Boot 项目中,可以通过以下两种方式获取 Logger 对象。

(1) 通过@Autowired 或@Resource 注解自动注入 Logger 对象。

(2) 直接调用 LoggerFactory.getLogger()方法来获取 Logger 对象。

Spring Boot 项目中常用的方法是第(2)种,直接在类内部声明一个 Logger 对象,示例代码如下:

```java
import org.slf4j.Logger;
import org.slf4j.LoggerFactory;
import org.springframework.stereotype.Component;

@Component
public class MyComponent {
    private final Logger logger = LoggerFactory.getLogger(MyComponent.class);

    public void performAction() {
        logger.info("执行操作开始");
        // 执行一些业务逻辑
        logger.info("执行操作结束");
    }
}
```

使用注入的 Logger 实例的方法进行日志记录,如 debug()、info()、warn()、error()和 fatal(),每种方法都可以接收格式化字符串和参数。

【例 6-1】 在新增博客的方法中添加日志信息。这些日志应包括博客内容的详细信息。当博客成功添加到系统中时,应记录一条成功通知日志,以确认操作已顺利完成。同时,如果在添加过程中遇到任何异常或错误,应记录详细的失败信息,包括错误类型和可能的原因,以便进行问题追踪和后续修复。

示例代码如下:

```java
@Service
public class PostService {
    private static final Logger LOGGER = LoggerFactory.getLogger(PostService.class);

    ...//其他业务操作

    public Post createPost(Post newPost) {
        if (newPost.getTitle().trim().isEmpty()) {
            LOGGER.error("Title 不能为空字符或者仅包含空格.");
            throw new IllegalArgumentException("Title 不能为空字符或者仅包含空格.");
        }
```

```
        LOGGER.info("Creating new post: {}", newPost);
        Post savedPost = postRepository.save(newPost);
        LOGGER.info("Post 成功创建. New post ID: {}, Author: {}", savedPost.getId(), savedPost.
getAuthor());
        return savedPost;
    }


    public void deletePostById(Long postId) {
        postRepository.deleteById(postId);
    }
}
```

createPost 方法用于创建一个新的博客。它首先验证博客标题是否有效,如果无效则记录错误日志并抛出异常。如果验证通过,则记录创建博客的操作日志,并将新博客保存到数据库中。成功保存后,记录一条包含博客 ID 和作者信息的成功日志。

通过 Postman 工具,可以对 API 进行测试,包括成功创建博客的流程和对失败情况的异常处理,日志记录功能在此过程中提供了关键的监控和诊断信息。

成功创建博客文章对应的日志,示例如下:

2024-05-27T17:19:31.742+08:00 INFO 7968 --- [example6-1] [nio-8080-exec-4] com.example.example61.PostService : Creating new post: Post(id=null, title=如何学习 Spring Boot, content=通过 AI 工具学习是个好办法, author=1, publishedDate=2029-07-15T14:30)
2024-05-27T17:19:32.021+08:00 INFO 7968 --- [example6-1] [nio-8080-exec-4] com.example.example61.PostService : Post creation successful. New post ID: 1, Author: 1

失败创建博客文章对应的日志,示例如下:

2024-05-27T17:18:40.554+08:00 ERROR 7968 --- [example6-1] [nio-8080-exec-1] com.example.example61.PostService: Title 不能为空字符或者仅包含空格.
2024-05-27T17:18:40.564+08:00 ERROR 7968 --- [example6-1] [nio-8080-exec-1] o.a.c.c.C.[.[./].[dispatcherServlet] : Servlet.service() for servlet [dispatcherServlet] in context with path [] threw exception [Request processing failed: java.lang.IllegalArgumentException: Title 不能为空字符或者仅包含空格.] with root cause

这些日志消息清晰地表明了操作的结果,成功创建博客文章时会记录相应的成功消息,而在标题无效导致创建失败时,会记录失败的原因,确保了操作结果的透明性和可追溯性。

6.2 日志消息分析与理解

6.2.1 日志结构

Spring Boot 的日志系统为开发者提供了便捷的开箱即用体验,其默认配置足以满足大多数基础开发需求。日志默认输出至控制台,并采用适中的日志级别,既保证了关键信息的可获取性,又避免了信息泛滥。对于初学者,推荐从默认配置开始,随着对 Spring Boot 的深入理解,再逐步学习如何调整和优化日志配置,以满足更复杂的应用场景。

默认输出的日志信息通常包括以下部分。

(1) 时间戳:记录日志消息的时间,方便追踪事件发生的时间点。

(2) 日志级别:表明了这条日志的严重程度,如 INFO、WARN、ERROR 等。

(3) 线程信息:显示产生日志消息的线程,有助于识别并发环境下的问题。

(4) logger 名称:标识产生日志的组件或类,便于快速定位日志来源。

(5) 日志消息:日志的具体内容,比如应用启动信息、Tomcat 服务器初始化信息、请求处理过程等。

例如一条日志信息如下:

```
2024-05-27T17:19:32.021+08:00 INFO 7968 --- [example6-1] [nio-8080-exec-4] com.example.example61.PostService : Post creation successful. New post ID: 1, Author: 1
```

根据这条日志信息可知:

(1) 时间戳:2024-05-27T17:19:32.021+08:00,表示日志记录发生在 2024 年 5 月 27 日 17 时 19 分 32 秒 021 毫秒,时区为东八区。时间格式通常为年-月-日 时:分:秒.毫秒,如 2024-05-26T16:34:29.653+08:00,按照 ISO 8601 标准表示,+08:00 代表东八区时间,即北京时间。

(2) 日志级别:INFO,表明这条日志是一个信息级别的消息,通常用于记录应用程序的正常运行状态或重要的业务操作。

(3) 线程信息:[nio-8080-exec-4],nio-8080-exec-4,表示这是一个 NIO 类型的线程池中的第 4 个执行线程,处理端口 8080 上的请求。

(4) logger 名称:com.example.example61.PostService,表示日志是由 PostService 类生成的,该类位于 com.example.example61 包下。

(5) 日志消息:Post creation successful. New post ID:1,Author:1,表明成功创建了一个帖子,帖子的 ID 为 1,作者的 ID 也为 1。

6.2.2 日志级别

日志级别是软件日志系统中用于分类和过滤日志信息的一个标准,它定义了日志条目的严重程度或重要性。常见的日志级别包括 TRACE、DEBUG、INFO、WARN、ERROR 和 FATAL。这些级别按严重性递增排序,允许开发者和运维人员根据需要调整日志记录的详细程度。通过设置合适的日志级别,可以平衡调试需求与性能影响,同时确保关键问题能够被及时发现和处理。

具体的日志级别信息如下。

(1) TRACE:最详细的日志级别,记录程序执行的细粒度信息,用于深度调试。

(2) DEBUG:次于 TRACE,用于调试目的,提供程序运行时的详细状态信息。

(3) INFO:常规信息级别,记录系统运行中的重要事件,无错误性质。

(4) WARN:警告级别,表明存在潜在问题,但系统仍可继续运行。

(5) ERROR:错误级别,表示程序遇到问题,可能导致功能受限。

(6) FATAL:致命错误级别,表示系统无法继续正常工作,通常会导致程序崩溃或重启。

一般来说,在开发和测试环境中,建议将日志级别设定为 DEBUG 或 INFO,以便获取更丰富的日志信息,这有助于深入分析程序流程并迅速识别问题所在。相对地,在生产环境中,应将日志级别设置为 WARN 或 ERROR,确保日志输出不会过度消耗资源,从而维护系统性能。

6.3 日志设计

6.3.1 日志需求

在制定日志策略时,应综合考虑业务、运维、安全、性能和法律合规等多方面的需求。这包括确定关键业务操作的记录需求、选择合适的日志级别、收集必要的上下文信息、满足运维监控的标准、记录重要的安全事件、评估日志对系统性能的潜在影响,以及确保日志记录遵守相关法律法规。这样的全面考虑有助于构建一个既能支持日常运维,又能保障系统安全和合规的日志系统。

在业务层面,应明确记录关键操作,如用户登录和内容发布,并根据事件性质采用合适的日志级别。INFO 用于记录常规活动,WARN 用于捕获潜在问题,而 ERROR 用于标记严重错误。故障排查时,记录详尽的上下文信息至关重要,包括请求 URL、用户 ID 和时间戳。

运维需求要求定义监控关键系统指标的日志内容,并规划日志文件的存储、格式、大小和自动清理策略。安全层面上,需特别记录登录失败和权限异常等事件,并详细记录上下文信息以加强安全防护。

考虑到性能影响,可能需采用异步日志处理来降低系统开销。同时,确保日志策略遵循法律法规,特别是个人信息保护规定,避免敏感数据泄露。

6.3.2 选择合适的日志框架和配置

在 Spring Boot 项目中,选择合适的日志框架对于构建可靠的日志系统非常重要。Logback 和 Log4J2,作为 SLF4J 的实现,无缝地与 Spring Boot 兼容,其中 Logback 作为默认选项提供了简单易用的配置。然而,Log4J2 凭借其先进的特性,如异步日志处理,特别适合于高并发和大数据量的日志处理场景。开发者应基于项目规模、性能需求以及对日志处理复杂性的要求来做出选择,确保所选框架不仅能够满足当前的需求,还能适应未来的发展和优化。

在设置日志框架时,依据环境选择日志级别:开发时用 DEBUG 获取详细日志,生产时用 INFO 或 WARN 减少日志量。同时,通过添加时间戳、线程 ID、日志级别、类名等信息,使日志格式标准化,增强其可读性和实用性。

配置日志输出和轮换也很重要。在开发和调试阶段,通常会将日志输出到控制台,以便开发人员查看日志信息;而在生产环境中,则会将日志输出到文件中,方便管理和分析。为了避免日志文件过大,导致系统磁盘空间不足或性能下降,需要设置日志文件的大小和数量限制,以触发日志轮换。可以通过在 application.properties 或 application.yml 文件中配置日志输出路径、大小限制和数量限制,系统将按照设定的规则输出和管理日志,确保系统稳定运行并便于排查问题,代码如下:

```
# 日志配置
logging.level.root = WARN
logging.level.com.example = INFO
```

```
# Logback 配置
logging.file.name = logs/myapp.log
logging.file.max-size = 10MB
logging.file.max-history = 30 days
logging.file.total-size-cap = 100MB
logging.file.clean-history-on-start = true
```

在这个示例中:

logging.level.root 设置了全局日志级别为 WARN。

logging.level.com.example 为特定包 com.example 设置了 INFO 级别的日志。

logging.file.name 指定了日志文件的输出路径和文件名。

logging.file.max-size 限制了单个日志文件的最大大小。

logging.file.max-history 保留了日志文件的滚动历史记录天数。

logging.file.total-size-cap 设置了所有日志文件的总大小上限。

logging.file.clean-history-on-start 表示应用启动时清理旧的日志历史。

选择合适的日志框架并进行精细配置,可以帮助开发者在开发和运维过程中更好地追踪问题,同时保持系统的稳定性和性能。对于更多的日志配置,感兴趣的读者可以参考官方文档或相关教程以获取更多信息。

6.3.3 实施日志记录

开发者在实施日志记录时,应选择关键业务逻辑点进行记录,包括服务入口出口、异常处理、决策点、数据库交互、外部服务调用、资源管理、性能监控、用户交互、配置变更和系统事件。策略上,要记录操作的起始和结束、异常详情、决策依据与结果、数据库操作的 SQL 和影响、外部服务的请求和响应、资源状态变化、耗时操作的性能评估、用户交互的安全审计、配置变更的追踪以及系统关键事件。

以简单的博客系统为例,关键的日志记录点应该覆盖用户登录和注册、文章发布与编辑、评论管理等核心业务流程。例如,登录和注册时,记录用户的尝试和结果,以及任何错误信息;发布和编辑文章时,记录操作时间、文章状态和异常;处理评论时,记录评论内容、操作和异常;在数据库交互中,监控 SQL 操作和错误;与外部服务交互时,记录请求和响应详情;关注性能指标,如页面加载时间;记录系统启动、关闭和任何异常情况,以确保故障排查和系统稳定。通过这些日志,可以全面了解系统运行状况,及时发现并解决问题。

6.4 面向切面编程

对于博客项目,尽管直接嵌入日志语句在代码中足以满足基本需求,但利用面向切面编程(Aspect-Oriented Programming,AOP)可以更高效地实现日志管理,它提供了一种解耦和灵活的日志记录方法,有助于保持代码的整洁和可维护性。

6.4.1 AOP 概述

日志记录是追踪应用执行、定位问题和分析用户行为的关键工具。但随着项目扩展,日志相关的代码重复可能会造成冗余,增加维护负担。面向切面编程通过集中管理日志逻辑,为解决这一问题提供了一种优雅且高效的方法。

AOP 是一种编程范式,用于解决传统面向对象编程中难以管理的"横切关注点"问题。这些关注点如日志记录、事务处理和安全控制等,普遍影响多个对象或模块,却与核心业务逻辑分离。AOP 允许开发者将这些横切逻辑与主要业务逻辑解耦,简化代码并提高模块化。

以日志为例,例如想在多个方法中记录执行前后的时间,传统的方法是每个方法都要写相同的日志代码,这既重复又麻烦。使用 AOP 来记录日志就可以有效地解决这个问题。通过 AOP,开发者只需定义一次日志记录逻辑,然后告诉 AOP 在哪些方法上应用这段日志代码。这就像是设置了一个规则,AOP 会按照这个规则自动在相应的方法上添加日志功能。这样日志记录的逻辑被抽象出来,形成可重用的模块,可以在系统中的各个地方轻松应用,使得代码更加清晰、可维护性更高。实现了业务逻辑与日志逻辑的解耦,使开发者可以将关注点集中在业务逻辑的实现上。简单来说,使用 AOP 记录日志,开发者只告诉它怎么记录和在哪里记录,它就自动搞定一切,让代码更整洁,也更容易管理。

6.4.2 AOP 的关键概念

AOP 是面向对象编程的补充,它允许开发者将横切关注点与业务逻辑分离,从而提高代码的模块化和可维护性。使用 AOP 时,理解以下几个关键概念非常重要。

1. 切面

切面是 AOP 中的模块化单位,它将应用程序中跨越多个组件的通用功能封装起来切面。切面由两部分组成:通知和切点。通知定义了在何时执行特定操作。通知决定了在程序的哪些执行点(例如方法调用前后或异常处理时)应用特定的行为。切点定义了通知应该插入的程序位置。切面可以被视作一个包含特定行为的代码块,这些行为在应用程序的特定执行点被触发。这种设计允许开发者将与业务逻辑不直接相关的功能与核心业务代码分离。

2. 通知

通知是切面中的代码实现部分,它定义了在程序的特定位置(切点)上要执行的横切逻辑。通知可以根据不同的时机来触发,例如在方法执行之前、之后或方法抛出异常时。Spring 支持 5 种类型的通知:前置通知(Before)、后置通知(After)、返回通知(AfterReturning)、异常通知(AfterThrowing)和环绕通知(Around)等。

(1) 前置通知(Before):在目标方法执行之前运行的代码。

(2) 后置通知(After):无论目标方法是否成功,都会在方法执行后运行的代码。

(3) 返回通知(AfterReturning):仅在目标方法正常返回后执行的代码。

(4) 异常通知(AfterThrowing):在目标方法抛出异常时执行的代码。

(5) 环绕通知(Around):提供了对目标方法执行的完全控制,可以在方法调用前后以及方法执行期间执行代码。

通过使用通知,开发者可以在不修改业务逻辑代码的前提下,灵活地插入或修改应用程序的行为,从而实现代码的解耦和重用。

3. 连接点

连接点是程序中可以被 AOP 框架识别并应用额外逻辑的特定执行点。常见类型包括在方法被调用时的点、在方法体内部执行时的点和在异常被抛出时的点。在连接点上,可以插入额外的功能或逻辑,例如,在方法执行前后记录相关信息。连接点使得开发者能够轻松扩展应用程序的功能,而无须侵入式地修改现有代码。

4. 切点

切点是连接点的集合,它定义了在哪些连接点上应用切面的横切逻辑。切点可以使用表达式或者注解来指定。切点就像一把筛子,它筛选出程序中特定的"地方",比如想在所有方法中的某些方法执行前后记录日志,那么这些特定的方法就是切点。切点找到程序中需要关注的部分,方便在这些地方应用额外的功能。

5. 织入

织入是在 AOP 中将横切逻辑(如日志记录或权限检查)应用到目标对象的过程,可以在编译时、类加载时或运行时进行。以 Spring Boot 为例,它通常采用运行时织入,通过动态代理技术在程序执行中插入这些逻辑。这意味着,开发者可以定义一个切面,并通过切点表达式指定哪些方法需要这些横切逻辑,然后创建通知来实现具体的功能。当程序运行时,AOP 框架会自动在这些指定的方法上应用通知,从而实现如日志记录等功能,而无须在每个业务方法中重复编写相同的代码。

6.4.3 Spring Boot 应用 AOP

Spring Boot 默认提供了 AOP 支持,所以启用 AOP 并不复杂。
(1) 在项目中包含了相应的依赖。
在 Spring Boot 项目中,通常需要 aspectjweaver 依赖,示例如下:

```
<dependency>
    <groupId>org.aspectj</groupId>
    <artifactId>aspectjweaver</artifactId>
</dependency>
```

(2) 创建一个切面类,并使用@Aspect 注解标识它。
(3) 定义切点。这通常通过@Pointcut 注解来完成,它用于指定需要拦截的方法或行为。
(4) 编写通知逻辑。可以利用@Before、@After 和@Around 等通知注解,根据需求编写切面逻辑,如日志记录、权限验证等。

为了使切面类生效,需要将其作为一个 Bean 加入 Spring 容器中。通常,可以使用@Component 或@Service 等注解来标记切面类,这样 Spring 就会自动管理它。通过这种方式,可以在不改动原业务代码的基础上,无缝地插入和扩展功能,增强了代码的可维护性和模块化。

【例 6-2】 通过 AOP 方式实现日志追踪,记录 PostService 类中每个方法的调用开始和结束时间,以跟踪方法执行的过程。

创建一个名为 PerformanceLoggingAspect 的类,使用@Aspect 和@Component 注解,使其成为 Spring 的一个切面组件。

在该类中定义一个带有@Around 注解的方法,如 logAround 方法,它包含切入点表达式,匹配 PostService 类的所有方法,并在方法调用前后插入日志记录代码,以实现方法调用的开始和结束时间追踪。具体代码如下:

```java
import org.aspectj.lang.ProceedingJoinPoint;
import org.aspectj.lang.annotation.Around;
import org.aspectj.lang.annotation.Aspect;
import org.aspectj.lang.annotation.Pointcut;
import org.slf4j.Logger;
import org.slf4j.LoggerFactory;
import org.springframework.stereotype.Component;

@Aspect
@Component
public class PerformanceLoggingAspect {
    private static final Logger logger = LoggerFactory.getLogger(PerformanceLoggingAspect.class);

    // 定义切点,匹配 com.example.example62.PostService 类的所有方法
    @Pointcut("execution( * com.example.example62.PostService.*(..))")
    public void aroundPerformanceLogging() {}

    // 使用@Around 注解将环绕通知应用于上述定义的切点
    @Around("aroundPerformanceLogging()")
    public Object logAround(ProceedingJoinPoint joinPoint) throws Throwable {
        long start = System.currentTimeMillis();

        // 记录方法开始前的日志
        logger.info("Start executing: {}", joinPoint.getSignature());

        try {
            Object result = joinPoint.proceed();    // 继续执行原方法
            return result;
        } finally {
            long elapsedTime = System.currentTimeMillis() - start;
            // 记录方法执行结束后的日志
            logger.info("Finished executing: {} in {}ms", joinPoint.getSignature(), elapsedTime);
        }
    }
}
```

整个切点表达式的意思是拦截 com.example.example62.PostService 类中所有的方法调用。当这些方法被调用时,@Around 注解下的 logAround 方法会被执行,从而在方法执行前后插入日志记录或其他自定义逻辑。

启动程序后,利用 Postman 软件对博客创建和获取的 API 进行测试,可以实时观察到相应的日志输出。

```
2024-05-27T19:45:54.344+08:00 INFO 1028 --- [example6-2] [nio-8080-exec-2] com.example.example62.LoggingAspect : Finished executing: Post com.example.example62.PostService.createPost(Post) in 248ms
2024-05-27T19:46:22.384+08:00 INFO 1028 --- [example6-2] [nio-8080-exec-4] com.example.example62.LoggingAspect : Start executing: List com.example.example62.PostService.getAllPosts()
2024-05-27T19:46:22.779+08:00 INFO 1028 --- [example6-2] [nio-8080-exec-4] com.example.example62.LoggingAspect : Finished executing: List com.example.example62.PostService.getAllPosts() in 395ms
```

通过这个例子可知,使用 AOP 方式实现日志,能提高代码的可读性和可维护性,通过解耦日志逻辑,减少重复代码,同时提供了灵活性和扩展性,使得更改日志策略或添加其他功能时更为便捷。

6.5 综合应用:新增日志功能

6.5.1 案例描述

在博客项目中添加日志可以帮助开发人员实时监控应用程序的运行状态、故障排查和问题定位,优化性能,确保安全审计,追踪业务流程,以及提供历史记录和分析支持,从而增强应用程序的稳定性、可靠性和安全性。

日志框架可以选择默认的 Logback,不做任何额外配置,新创建的项目也将具备基本的日志功能。对于 Spring AOP,通常不需要单独添加依赖,因为 Spring Boot 的 spring-boot-starter-web 或者 spring-boot-starter-data-jpa 等 starter 已经包含了 Spring AOP 的相关依赖。对于 AspectJ 的编译时或加载时织入,需要添加以下依赖:

```
<dependency>
    <groupId>org.aspectj</groupId>
    <artifactId>aspectjweaver</artifactId>
</dependency>
```

6.5.2 案例实现

对于初学者的博客项目,日志功能的需求如表 6-1 所示。

表 6-1　日志功能的需求

日志类型	主要内容
记录请求日志	包括 HTTP 请求的 URL、请求方法、请求参数、响应状态码以及响应时间。这有助于了解用户行为和 API 性能
系统运行状态	记录应用启动、关闭以及运行中的关键状态变化,如数据库连接成功/失败、定时任务执行情况等
异常捕获与记录	确保所有未被捕获的异常都能被记录下来,包括异常堆栈信息,这对于问题定位至关重要
用户操作日志	记录用户的登录登出、文章发布、评论提交等关键操作,包括操作时间、用户 ID、操作内容等
数据变更日志	当博客文章、评论等数据发生增删改时,记录变更前后的关键信息,有助于审计和追踪数据变化
操作耗时记录	对于耗时较长的操作,记录其开始和结束时间,评估系统性能瓶颈
安全审计日志	记录登录失败尝试、权限变更等安全相关事件,增强系统的安全性

AOP 可以有效地实现多种日志记录功能,包括请求日志、性能日志、业务日志和安全审计日志。性能日志的实现已经在例 6.2 中展示,而安全审计日志将在第 8 章详细说明。本案例将重点介绍请求日志和业务日志的实现方法。

1. 记录请求信息

```java
import org.aspectj.lang.JoinPoint;
import org.aspectj.lang.annotation.AfterReturning;
import org.aspectj.lang.annotation.Aspect;
import org.slf4j.Logger;
import org.slf4j.LoggerFactory;
import org.springframework.stereotype.Component;
import org.springframework.web.context.request.RequestContextHolder;
import org.springframework.web.context.request.ServletRequestAttributes;

@Aspect
@Component
public class LoggingAspect {

    private static final Logger logger = LoggerFactory.getLogger(LoggingAspect.class);

    @AfterReturning("execution(* com.example6integrated.controller.*.*(..))")
    public void logRequest(JoinPoint joinPoint) {
        ServletRequestAttributes attributes = (ServletRequestAttributes) RequestContextHolder.getRequestAttributes();
        if (attributes != null) {
            HttpServletRequest request = attributes.getRequest();
            String url = request.getRequestURL().toString();
            String method = request.getMethod();
            String userAgent = request.getHeader("User-Agent");
            long timeMillis = System.currentTimeMillis();

            logger.info("REQUEST LOG - URL: {}, METHOD: {}, USER_AGENT: {}, TIMESTAMP: {}", url, method, userAgent, timeMillis);
        }
    }
}
```

这段代码会在每个控制器方法执行后记录请求的 URL、方法、用户代理和时间戳。

2. 业务日志记录切面

在博客项目中，增删改查操作是常见的业务场景。可以为每个操作创建一个切面来记录日志。

```java
import org.aspectj.lang.JoinPoint;
import org.aspectj.lang.annotation.*;
import org.slf4j.Logger;
import org.slf4j.LoggerFactory;
import org.springframework.stereotype.Component;

@Aspect
@Component
public class PostLoggingAspect {
    private static final Logger logger = LoggerFactory.getLogger(PostLoggingAspect.class);
```

```java
@Pointcut("execution( * com.example.example6integrated.PostService.getAllPosts(..))")
public void getAllPostsOperation() {}

@Pointcut("execution( * com.example.example6integrated.PostService.getPostById(..))")
public void getPostOperation() {}

@Pointcut("execution( * com.example.example6integrated.PostService.createPost(..))")
public void createPostOperation() {}

@Pointcut("execution( * com.example.example6integrated.PostService.deletePostById(..))")
public void deletePostOperation() {}

@Before("getAllPostsOperation()")
public void logBeforeGetAllPosts() {
    logger.info("About to get all posts");
}

@AfterReturning("getAllPostsOperation()")
public void logAfterGetAllPosts() {
    logger.info("Successfully got all posts");
}

@Before("getPostOperation()")
public void logBeforeGetPost() {
    logger.info("About to get a post by ID");
}

@AfterReturning("getPostOperation()")
public void logAfterGetPost(JoinPoint joinPoint) {
    logger.info("Successfully got a post by ID: {}", joinPoint.getArgs()[0]);
}

@Before("createPostOperation()")
public void logBeforeCreatePost() {
    logger.info("About to create a new post");
}

@AfterReturning("createPostOperation()")
public void logAfterCreatePost() {
    logger.info("Successfully created a new post");
}

@Before("deletePostOperation()")
public void logBeforeDeletePost() {
    logger.info("About to delete a post by ID");
}

@AfterThrowing(pointcut = "deletePostOperation()", throwing = "e")
public void logAfterDeletePostFailure(Throwable e) {
    logger.error("Failed to delete a post due to an error", e);
}

@AfterReturning("deletePostOperation()")
```

```
    public void logAfterDeletePost() {
        logger.info("Successfully deleted a post");
    }
}
```

这个类利用 AOP 技术为 PostService 类的特定方法实现了日志记录功能,避免了在业务逻辑代码中直接编写日志代码的需要。该类通过@Before 注解,确保在方法执行前能够记录日志,而@AfterReturning 注解则在方法成功执行并返回结果后进行日志记录。针对 deletePostOperation() 方法,特别增加了@AfterThrowing 注解来捕捉并记录执行过程中的异常情况。

在执行程序的过程中,使用 Postman 工具对 API 进行测试时,可以实时观察到生成的日志信息。

6.5.3 案例总结

日志不仅帮助开发人员监控应用状态、定位问题,还有助于性能优化、安全审计和历史数据分析。实现项目中的日志功能,首先应明确日志需求,包括信息类型、级别和格式。接着,选择并配置合适的日志框架,例如 Logback 或 Log4J。在代码的关键节点,如操作执行和异常处理,适时添加日志记录,并制定日志策略,涵盖存储位置、滚动机制和级别设置。

随着项目规模的增长,考虑将日志数据集成到分析平台,实现实时监控、数据洞察和问题定位。日志设计是一个持续的优化过程,需要定期评估和调整配置,以适应系统发展和新需求。本章专注于 AOP 的实际应用,为读者提供了如何使用 AOP 的指导。对于想要深入了解 AOP 工作原理的读者,推荐查阅相关的专业文档以获取更深层次的理解。

习题 6

1. Spring Boot 中,以下 API 可以用来在代码中记录日志的是(   )。
   A. java.util.logging.Logger
   B. org.slf4j.Logger
   C. org.apache.commons.logging.Log
   D. org.springframework.boot.logging.Logger
2. Spring Boot 默认的日志系统是(   )。
   A. Log4J2   B. SLF4J 和 Logback
   C. Java Util Logging   D. Log4J
3. AOP 术语中,切面指的是(   )。
   A. 被通知的对象或方法   B. 要实现的交叉关注点的模块化
   C. 连接点的集合   D. 描述何时何处执行通知的表达式
4. 在 Spring AOP 中,以下注解用于定义前置通知的是(   )。
   A. @After   B. @AfterReturning
   C. @Before   D. @Around
5. 请实现一个功能,用于更新已存在的博客文章,并在执行更新操作时记录相应的日志信息。

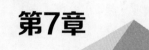

视频讲解

测 试

在构建稳健且可靠的 Spring Boot 应用的过程中,测试是确保应用质量的不可或缺的一环。本章将探讨如何有效地测试 Spring Boot 应用,以确保代码的可维护性、功能的稳定性以及整体系统的健壮性。本章将介绍单元测试与集成测试,展示 Mockito 工具在模拟测试中的应用,并指导如何全面覆盖 Web 应用测试。

 测试基础

7.1.1 测试的重要性

测试通过系统化验证提升软件质量,确保满足用户需求,降低风险,并增强软件的可维护性和用户体验。这为软件项目的成功交付和长期发展提供了坚实基础。

初学者往往会更享受实现功能代码的成就感,而忽视了测试的重要性。测试工作初看似乎只是附加任务,它的效果并不立即显现。加之需要掌握多种测试方法、选择合适的框架和制定策略,这为新手带来了不小的挑战。由于缺乏实战经验,他们可能还没有充分认识到在软件的长期维护和团队协作中,编写高质量代码的重要性。

但是测试的学习非常重要,它为构建坚实的编程基础和未来参与复杂系统开发及团队协作提供了不可或缺的根基。它不仅显著提升了代码质量,降低了后期维护的成本,还促进了良好的编程习惯和设计思想的形成。通过测试,程序设计者能更深入地理解代码逻辑,学会从不同角度审视问题,从而编写出更健壮、可维护的程序。此外,测试驱动的开发方法还能增强解决问题的能力,提高编程效率。

7.1.2 测试类型

在 Spring Boot 项目中,测试通常分为单元测试、集成测试和端到端测试等,每种测试都有其

特定的用途和应用场景。

1. 单元测试

单元测试专注于验证代码中的最小可测试单元，如单个方法或函数。在 Spring Boot 项目中，它通常应用于业务逻辑、服务层或控制器。利用 JUnit 等框架，开发者可以编写测试用例，并通过 Mockito 等工具模拟依赖，确保测试的独立性和准确性。

2. 集成测试

集成测试是测试不同组件之间的集成和协作，以验证它们在一起工作时的正确性。在 Spring Boot 项目中，集成测试通常测试服务与数据库、消息队列、外部 API 等的集成情况。利用 Spring Boot Test 框架提供的功能，开发者可以构建集成测试，并通过使用嵌入式数据库和预设的测试数据来模拟实际运行环境，确保组件间的无缝协作。

3. 端到端测试

端到端测试是一种验证应用程序整体功能和流程是否正常工作的测试方法。它通过模拟用户的真实交互，确保从用户界面到后台服务的整个系统流程按预期运行。这种测试专注于系统集成和业务逻辑的正确性，并通常在接近生产环境的条件下使用自动化工具执行，以检测跨组件的潜在错误并确保用户体验。虽然端到端测试不深入底层代码细节，但它与单元测试和集成测试相结合，为应用程序提供了全面的质量管理。

除了单元测试、集成测试和端到端测试之外，Spring Boot 项目还包括性能测试、安全测试和功能测试等，这些测试类型共同构成了一个全面的测试策略。它们确保 Spring Boot 应用在不同的使用场景下都能展现出稳定性、安全性和高效性。本章专注于单元测试和集成测试的基础知识，随着实践经验的积累，读者将有机会深入学习更高级的测试技术和最佳实践，以进一步提升应用的质量和可靠性。

7.2 Spring Boot 测试框架

Spring Boot 的测试框架是一个内置的、功能强大的工具集，它极大地简化了应用的单元测试和集成测试过程。通过与 JUnit 等测试框架的无缝集成，以及 Spring Test 模块的加持，开发者可以轻松实现依赖注入、启动内嵌式 Web 服务器，以及模拟外部服务。Spring Boot 提供的丰富注解，如@SpringBootTest、@WebMvcTest 和@DataJpaTest 注解，为不同的测试场景提供了便捷的配置选项。结合自动配置和起步依赖的特性，这些工具使编写测试变得更加高效和直观。

7.2.1 Spring Boot 测试框架的主要组成部分

Spring Boot 测试框架包括以下几个主要组成部分。

1. Spring Test 框架

Spring Test 框架为 Spring 应用程序提供了全面的测试支持，简化了从单元测试到集成测试的整个流程。它包括一系列注解和 API，使得配置和启动 Spring 应用上下文变得简单，从而实现依赖注入。通过注解如@RunWith(SpringRunner.class)和@ContextConfiguration，开发者可以轻松设定测试环境。Spring Test 还支持模拟外部依赖和数据库事务管理，确保测试的隔离性和准确性。这使得开发者能够高效地测试整个应用程序，从单一的 Bean 到复杂的服务，提升代码的质量和可靠性。

2. Spring Boot Test 框架

Spring Boot Test 框架在 Spring Test 框架的基础上进一步为 Spring Boot 应用提供了集成的测试工具和便捷的测试支持。它简化了测试配置过程，使开发者能够轻松创建从单元测试到集成测试，再到端到端测试的各种测试类型，无须进行复杂的设置。Spring Boot Test 提供了专用的测试注解分别针对 Web 层、数据访问层和应用程序上下文进行测试。此外，它还支持内嵌式 Web 服务器的启动，自动配置测试环境，并提供模拟和隔离依赖的功能，确保测试的独立性和有效性。这些特性大幅提高了测试的效率，加速了开发流程，并有助于保障代码的高质量。

3. Mocking 框架

Mocking 框架使开发者能够创建模拟对象，替代真实依赖，从而实现测试的独立性。这些模拟对象可以预设行为，如模拟方法调用、返回值或异常抛出。Mocking 框架如 Mockito、EasyMock 和 PowerMock 等，通过提供简洁的 API，允许开发者设定预期行为和验证交互，尤其在 Java 等面向对象编程语言中得到广泛应用。使用 Mocking 框架，测试可以专注于验证被测试单元的功能，提高测试的稳定性和执行速度，并促进测试驱动开发（TDD）的实践。

4. 测试注解

Spring Boot 框架通过一系列注解简化了测试的配置和执行过程。以下是一些常用的注解。

(1) @SpringBootTest：用于启动整个 Spring Boot 应用上下文，适合进行集成测试。

(2) @WebMvcTest：专注于 Web 层的测试，只加载 Web MVC 相关的 Spring 组件。

(3) @DataJpaTest：用于 JPA(Java Persistence API，Java 持久层)数据访问层的测试，它自动配置一个内存数据库，并启动所需的 JPA beans。这个注解非常适合用来验证 Repository 和 Service 层的逻辑，因为它提供了一个轻量级的环境来测试数据操作和业务规则，而无须依赖外部数据库。

(4) @RestClientTest：专门用于测试客户端的 REST API 调用。它通过创建一个模拟的 Web 服务器来拦截和响应客户端的请求，从而允许开发者在不依赖外部服务的情况下进行集成测试。

(5) @RunWith：用于指定 JUnit 测试的运行器，如 SpringRunner.class，它是 Spring Test 框架提供的专用运行器，它确保了 Spring 的测试注解能够正确地发挥作用。通过使用 @RunWith(SpringRunner.class)，开发者可以在 JUnit 测试中集成 Spring 的测试功能，从而简化测试配置并增强测试能力。

7.2.2 测试框架与应用程序的集成

Spring Boot 测试框架与 Spring Boot 应用程序的集成非常紧密，它通过一系列设计精巧的特性显著简化了测试代码的编写和执行过程。

Spring Boot 测试框架通过@SpringBootTest 注解，自动配置并启动一个模拟生产环境的应用上下文，使测试能在一个接近真实应用的环境中执行，而无须手动配置每个依赖项。为了降低对外部依赖的需要并简化测试配置，框架会自动采用内存数据库（H2 或 HSQLDB）来代替生产数据库,允许开发者在不影响生产数据的前提下进行集成测试。

此外,开发者可以利用@TestPropertySource 或@DynamicPropertySource 注解为测试提供定制的配置属性,或者通过专门的测试配置文件(如 application-test.yml 文件),实现测试环境与生产环境的清晰分离。这些特性共同确保了测试的独立性、准确性和可重复性。

Spring Boot 测试框架与 Mockito、EasyMock 等流行模拟框架的紧密集成,让开发者能够轻松模拟测试中的依赖项和预期行为。通过@MockBean 注解,可以在应用程序上下文中注入模拟的 Bean,从而在测试用例中方便地使用。这种做法简化了对外部依赖的控制和管理,使测试过程更加高效和专注。

通过这些集成和提供的工具,Spring Boot 测试框架使得编写、配置和执行测试变得更加容易和高效。开发人员可以专注于测试逻辑本身,而不必花费大量时间来处理测试环境的设置和管理。这有助于提高测试的可维护性和稳定性,并且促进了测试驱动开发和持续集成等最佳实践的采用。

7.3 单元测试

7.3.1 JUnit 基础

JUnit 是 Java 语言中最流行的单元测试框架之一,它为开发者提供了一套简单而强大的工具,用于编写可重复执行的测试用例,以验证代码的正确性。JUnit 5(也称为 JUnit Jupiter)在 JUnit 4 基础上进行了增强和扩展,引入了更直观的 API、注解驱动的测试结构和多样化的断言方法。这些改进促进了测试驱动开发和持续集成在 Java 社区中的普及。

JUnit 5 提倡通过注解来明确区分测试类和方法,特别是使用 @Test 注解来标识测试方法,从而清晰地界定测试范围,无须依赖于特定的命名习惯或继承结构。在测试方法中,JUnit 提供了一个丰富的断言库,包括 assertEquals、assertTrue、assertNull 等方法,用于验证实际输出与预期是否一致,确保代码的正确性。当断言失败时,JUnit 会详细记录测试结果,并反馈具体的错误信息,辅助开发者进行问题诊断。

例如,使用 JUnit 5 编写的 Java 单元测试示例,用于验证 Calculator 类的 add 方法是否正确实现了加法运算。

```java
import org.junit.jupiter.api.Test;
import static org.junit.jupiter.api.Assertions.assertEquals;

public class ExampleTest {

    @Test
    public void testAddition() {
        Calculator calculator = new Calculator();
        int result = calculator.add(2, 3);
        assertEquals(5, result, "2 + 3 should equal 5");
    }
}
```

代码中@Test 注解标记一个公共的无参数方法作为测试案例。assertEquals 方法是一个常用的断言方法，用来比较预期值和实际值是否相等。

JUnit 框架通过引入模块化设计和强大的扩展机制，提升了测试套件的组织性与开发工具的集成度。它允许开发者定制测试运行规则、报告样式和执行策略，从而优化测试流程。在 Spring Boot 项目中，JUnit 与 Mockito 和 Spring Boot Test 等工具的结合使用，能够提供更全面的测试覆盖，保障项目质量和稳定性。

7.3.2 Mockito 基础

Mockito 是一个流行的 Java 单元测试框架，专门用于模拟对象。编写单元测试时，它可以帮助隔离被测试代码的依赖，使得测试更加聚焦、高效且易于维护。使用 Mockito 框架可以模拟外部依赖，例如数据库访问、网络请求等，使得测试更加独立和可控。Mockito 框架提供了丰富的验证方法，用于验证模拟对象的方法是否按照预期调用，可以验证方法的调用次数、参数值等。

以下是 Mockito 框架的基础概念和使用方法。

1. 模拟对象

Mockito 框架允许开发者创建模拟对象，这些对象可以模拟真实对象的行为，用于测试中替代实际依赖。这使得测试可以独立于外部系统或真实依赖进行。

创建模拟对象的代码示例如下：

```
SomeClass mockObject = mock(SomeClass.class);
```

例如，在测试中模拟一个 PostRepository 接口：

```
PostRepository postRepository = mock(PostRepository.class);
```

上述代码会创建一个 PostRepository 接口的模拟实现。这个模拟对象看起来和行为上都像是一个真正的 PostRepository 实例，但实际上它的行为完全由测试来控制。这种模拟方式使得测试无须连接数据库，从而加速了测试过程，提高了测试的可靠性，并且避免了对实际数据库的依赖和潜在的数据污染。

2. 桩接口

在 Mockito 框架中，桩接口（Stubbing）允许开发者为模拟对象的特定方法调用预设行为。利用 when().thenReturn() 语法，开发者可以设定模拟对象在测试中对特定方法调用的返回结果。

使用桩化，可以通过以下方式控制模拟对象的行为：

```
when(mockObject.someMethod()).thenReturn(someValue);
```

这种方法使得模拟对象在测试中能够返回一个预期的值 someValue，而不是执行实际的方法逻辑。通过桩化，可以确保测试不受真实对象行为的影响，从而编写出更加独立和可控的单元测试。

例如，配置了模拟的 PostRepository 对象，使得当调用 findAll() 方法时，它将返回预设的 allPosts 列表。示例代码如下：

```
when(postRepository.findAll()).thenReturn(allPosts);
```

这样的模拟确保了在测试过程中不会实际访问数据库。

3. 验证调用

验证调用用于确保在测试过程中，模拟对象的方法被按照预期的方式调用。这通常用于验证代码中的交互是否正确发生，确保依赖项被正确使用。

Mockito 框架提供了以下不同的验证方法。

（1）检查方法是否被调用。

```
//验证方法调用
verify(mockObject).someMethod();
```

例如，验证 postRepository.findAll()方法是否被调用过。示例代码如下：

```
verify(postRepository).findAll();
```

这一步是为了确保在测试过程中，被测试的代码确实尝试调用 PostRepository 对象的方法获取所有帖子。

（2）检查方法被调用了特定次数。

```
//验证方法调用次数
verify(mockObject, times(n)).someMethod();
```

（3）检查方法在测试过程中没有被调用。

```
//验证方法没有被调用
verify(mockObject, never()).someMethod();
```

（4）检查一系列方法按照特定的顺序被调用。

```
//验证方法没有被调用
InOrder inOrder = inOrder(mockObject1, mockObject2);
inOrder.verify(mockObject1).someMethod1();
inOrder.verify(mockObject2).someMethod2();
```

（5）检查调用时，捕获传递给方法的参数。

```
// 验证传递给方法的参数
verify(mockObject).someMethod(argCaptor.capture());
ArgumentCaptor<SomeType> captor = ArgumentCaptor.forClass(SomeType.class);
SomeType capturedArg = captor.getValue();
```

例如，服务类 PostService，它负责处理与博客帖子相关的操作。想要编写单元测试来验证 PostService 类中的 savePost(Post post)方法是否被调用，并且传递的 Post 对象具有预期的属性。示例代码如下：

```
// 准备测试数据
Post expectedPost = new Post("标题", "内容");
// 调用服务方法
postService.savePost(expectedPost);
// 使用 ArgumentCaptor 捕获传递给 savePost 方法的 Post 对象
ArgumentCaptor<Post> postCaptor = ArgumentCaptor.forClass(Post.class);
verify(postRepository).save(postCaptor.capture());
```

```
// 获取捕获的 Post 对象
Post capturedPost = postCaptor.getValue();
// 验证捕获的 Post 对象是否符合预期
assertNotNull(capturedPost);
assertEquals(expectedPost.getTitle(), capturedPost.getTitle()); assertEquals(expectedPost.
getContent(), capturedPost.getContent());
```

通过这种方式,可以确保 PostService 类的 savePost 方法不仅被调用了,而且它接收到了正确的帖子数据,从而验证了方法的实现是否符合预期。

4. 间谍对象

间谍对象允许开发者创建一个对象,这个对象在大多数情况下表现得像一个真实的对象,但在某些情况下可以被控制或监视。这与普通的模拟对象不同,模拟对象的所有方法调用都是预定义的,而间谍对象则可以记录方法调用并根据实际情况进行交互。

在 Mockito 框架中,创建间谍对象非常简单,只需要使用 spy()方法。

```
// 创建一个间谍对象
SomeClass spyObject = Mockito.spy(new SomeClass());
```

例如,PostService 类依赖 PostRepository 接口来保存和检索帖子。想要测试 PostService 类的方法,但是不想在测试中每次都与数据库交互,可以使用间谍对象,示例代码如下:

```
PostRepository postRepository = Mockito.spy(new PostRepository())
// 创建被测试的对象,注入间谍对象
PostService postService = new PostService(postRepository);
```

通过间谍对象,可以在测试 PostService 类时,确保其与 PostRepository 接口的交互得到正确处理,同时让 PostRepository 接口的其他方法保持其原有功能。这种方法允许 PostService 类在更真实的条件下被测试,有助于揭示那些可能由于依赖服务的其他行为而产生的问题,从而增强了测试的深度和可靠性。

7.3.3 Spring Boot 项目中使用 JUnit 和 Mockito

在 Spring Boot 项目中使用 JUnit 和 Mockito 框架进行单元测试,通常遵循以下步骤。

1. 添加依赖

spring-boot-starter-test 模块已经集成了 JUnit 5 和 Mockito 框架,使得开发者在编写测试时无须单独添加这些依赖。

2. 创建测试类

在 IntelliJ IDEA 中自动生成 JUnit 测试类是一个非常便捷的功能,使用 IDEA 自动生成测试类的步骤如下。

(1) 定位到待测类。

打开项目,在项目视图或编辑器中找到想要为其创建测试类的 Java 类。

(2) 生成测试类。

要生成测试类,在 Windows/Linux 系统上使用 Ctrl+Shift+T 快捷键,在 macOS 系统上使用

Cmd+Shift+T 快捷键。也可以通过菜单操作来生成测试类,在菜单栏选择 Navigate→Test 选项或者右击源代码文件,在弹出的快捷菜单中选择 Go To→Test 选项。如果 IDE 检测到尚未创建测试类,它将提供创建选项。

(3) 选择测试框架。

在 IDEA 中开始新项目时,开发者可能会被提示选择一个测试框架,测试框架选择界面如图 7-1 所示。常见的选项包括 JUnit 4、JUnit 5 和 TestNG。对于大多数采用 Spring Boot 框架的项目,推荐优先考虑 JUnit 5。

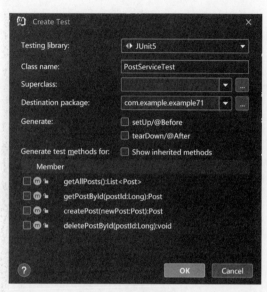

图 7-1 测试框架选择

IDEA 会自动根据原类的名称生成一个带有 Test 后缀的测试类名称,并建议将其放置在项目的测试源目录中,如 src/test/java。一旦用户确认,IDEA 将自动创建一个包含基础测试结构的类模板。这个模板会提供一个或多个空的测试方法。

例如,使用 JUnit 5 的情况下,生成的测试类示例如下:

```
import org.junit.jupiter.api.Test;
import static org.junit.jupiter.api.Assertions.*;

class MyClassTest {

    @Test
    void myMethod() {
        // 在这里编写测试代码
    }
}
```

这种方式不仅加速了测试类的创建过程,还为开发者提供了一个清晰的起点,使得编写测试用例变得更加直接和高效。

【例 7-1】 在博客系统中,PostService 类承担了博客文章的业务逻辑处理任务,包括文章的添加和删除等功能。编写程序利用 JUnit 和 Mockito 来对这个类进行单元测试,确保其各部分的功能正确无误。

在博客系统中，为确保 PostService 类处理文章添加和删除等业务逻辑的正确性，本例使用 JUnit 作为测试框架编写单元测试，并利用 Mockito 工具来模拟 PostService 类所依赖的 PostRepository 接口，以避免进行实际的数据库交互，从而提高测试的效率和可控性。

为 PostService 类的每个方法编写测试用例，通过模拟不同的数据输入和预期的响应来验证方法的正确性。例如，在测试文章添加时，会预设 PostRepository 对象的 save() 方法返回特定的 Post 对象，随后调用 PostService.createPost() 方法，并验证其返回结果与 PostRepository 接口的调用是否符合预期。同样，对于删除操作，也会进行类似的测试，确保 PostService.deletePostById() 方法在调用时能够正确地触发 PostRepository 对象的 deleteById() 方法，并返回正确的结果。具体代码如下：

```java
import org.junit.jupiter.api.BeforeEach;
import org.junit.jupiter.api.Test;

import java.time.LocalDateTime;
import java.util.List;
import java.util.Optional;

import static org.junit.jupiter.api.Assertions.*;
import static org.mockito.Mockito.*;

class PostServiceTest {
    private PostService postService;
    private PostRepository postRepository; // 假设有一个 PostRepository 接口

    @BeforeEach
    void setUp() {
        postRepository = mock(PostRepository.class);
        postService = new PostService(postRepository);
    }

    @Test
    void getAllPosts() {
        // 设置模拟数据
        LocalDateTime now = LocalDateTime.now();
        Post post1 = new Post(1L, "Title1", "Content1","x",now);
        Post post2 = new Post(2L, "Title2", "Content2","y",now);
        List<Post> allPosts = List.of(post1, post2);
        when(postRepository.findAll()).thenReturn(allPosts);

        List<Post> result = postService.getAllPosts();

        assertEquals(allPosts, result);
        verify(postRepository).findAll();
    }

    @Test
    void getPostById() {
        Long postId = 1L;
```

```
        LocalDateTime now = LocalDateTime.now();
        Post expectedPost = new Post(postId,"Title","Content","x",now);
        when(postRepository.findById(postId)).thenReturn(Optional.of(expectedPost));

        Post result = postService.getPostById(postId);

        assertEquals(expectedPost, result);
        verify(postRepository).findById(postId);
    }

    @Test
    void createPost() {
        LocalDateTime now = LocalDateTime.now();
        Post newPost = new Post(null, "New Title", "New Content","x",now);
        Long generatedId = 3L;
        newPost.setId(generatedId);
        when(postRepository.save(newPost)).thenReturn(newPost); // 假设 Post 类有 withId 方法

        Post savedPost = postService.createPost(newPost);

        assertEquals(generatedId, savedPost.getId());
        verify(postRepository).save(newPost);
    }

    @Test
    void deletePostById() {
        Long postId = 4L;
        doNothing().when(postRepository).deleteById(postId);

        postService.deletePostById(postId);

        verify(postRepository).deleteById(postId);
    }

}
```

在这个例子中,测试类包含 4 个测试方法,分别对应 PostService 类的主要操作。

(1) getAllPosts 方法测试了 PostService 类获取所有博客文章的能力。它模拟了 PostRepository 接口的 findAll() 方法返回一组预定义的 Post 对象,并验证 PostService 是否正确返回了这些对象。

(2) getPostById 方法测试了根据 ID 获取单个博客文章的功能。它模拟了 PostRepository 接口的 findById() 方法返回一个特定的 Post 对象,并验证 PostService 是否返回了正确的文章。

(3) createPost 方法测试了创建新博客文章的功能。它创建了一个新的 Post 对象,模拟了 PostRepository 接口的 save() 方法返回该对象,并验证 PostService 是否正确保存了文章并返回了带有 ID 的新文章。

(4) deletePostById 方法测试了删除博客文章的功能。它模拟了 PostRepository 接口的 deleteById() 方法不执行任何操作(因为删除操作通常是不可逆的),并验证 PostService 类是否调用了正确的删除方法。

为了确保单元测试的准确性和一致性,每个测试方法都通过使用@BeforeEach注解的setUp方法来准备测试环境。这个方法负责初始化PostService类和PostRepository接口的模拟对象,确保每个测试都在一个清洁且统一的状态下开始。

完成测试类的设计后,下一步是执行这些测试以验证代码的功能和质量。在IDE中通过选择相应的测试类或方法来运行测试。测试完成后,IDE将展示测试结果,通常绿色表示成功,红色表示失败。对于失败的测试,仔细分析输出信息,了解失败的原因,并根据需要对代码进行调试和修复。修复后,重新运行测试以确认问题已解决。

在IntelliJ IDEA中运行测试类的方法简便直接。在项目浏览器中找到并双击测试文件。在打开的编辑器窗口中,测试类名附近有一个绿色的三角形运行按钮,单击这个按钮将运行类内的所有测试方法。如果需要运行单个测试方法,只需将光标置于该方法上,此时该方法旁边会出现一个绿色三角按钮,单击即可单独运行该方法。测试结果会在底部的Run或Test窗口呈现,列出每个测试方法的状态及执行时间。失败的测试会提供详细的错误信息和堆栈跟踪,控制台输出显示日志和异常。

7.4 集成测试

集成测试的目的,即验证应用程序的多个组件(如数据库、服务层、控制器)在一起工作时的功能。对比单元测试,集成测试关注的是组件间交互。Spring Boot项目的集成测试的步骤如下。

(1) 通过@SpringBootTest注解启动一个简化版的应用程序上下文,这允许测试访问应用程序中的大部分组件。

(2) 根据测试需求,可以结合使用@WebMvcTest(专注于Web层)或@DataJpaTest(专注于数据访问层)等注解来进一步定制测试环境。

(3) 利用@Autowired注解自动注入需要的Bean,同时使用@MockBean或@SpyBean注解来模拟或部分模拟协作Bean的行为,以便在测试中控制它们的交互。

(4) 通过TestRestTemplate或MockMvc工具模拟对Controller层的HTTP请求,确保Web层的行为符合预期。

(5) 测试完成后,JUnit框架会生成测试报告,展示测试结果,包括成功、失败的测试案例,以及任何异常或错误信息。

7.4.1 数据访问层集成测试

Spring Boot的数据访问层集成测试主要用于测试数据访问层(如Repository)与实际数据库的交互是否正确。@DataJpaTest注解是专门用于此类测试的,它能够启动一个内嵌的数据库环境(默认使用H2,但也支持其他数据库),并自动配置Spring Data JPA的相关组件。这种测试不涉及Web层,因此不会启动Web服务器,除非通过添加其他注解来扩展测试的覆盖范围。

【例7-2】 创建一个全面的集成测试集合,以验证PostRepository接口中的关键功能操作是否按预期执行。

数据访问层集成的主要步骤如下。

（1）添加依赖和配置测试数据库。

确保项目中已经包含了 Spring Boot 的测试依赖，如 spring-boot-starter-test。使用@DataJpaTest 注解来配置一个内嵌的数据库环境，通常是 H2 数据库，但也可以配置为其他数据库。

（2）编写测试类。

创建一个测试类，使用@DataJpaTest 注解，这将自动配置 Spring Data JPA 的相关组件。

（3）编写测试方法。

准备测试数据并编写针对数据访问层关键操作的测试方法，如保存、查询、更新和删除操作。在测试方法中使用断言来验证操作的结果是否符合预期。

```java
import org.junit.jupiter.api.Test;
import org.springframework.beans.factory.annotation.Autowired;
import org.springframework.boot.test.autoconfigure.orm.jpa.DataJpaTest;
import org.springframework.boot.test.autoconfigure.orm.jpa.TestEntityManager;
import org.springframework.test.context.ActiveProfiles;

import java.time.LocalDateTime;
import java.util.List;
import java.util.Optional;

import static org.junit.jupiter.api.Assertions.*;

@ActiveProfiles("test") // 如果有单独的测试配置文件
@DataJpaTest
public class PostRepositoryIntegrationTest {

    @Autowired
    private TestEntityManager entityManager;

    @Autowired
    private PostRepository postRepository;

    @Test
    public void testFindAll() {
        // 创建并保存一个 Post 对象
        LocalDateTime now = LocalDateTime.now();
        Post post = new Post();
        post.setTitle("Title1");
        post.setContent("Content1");
        post.setAuthor("x");
        post.setPublishedDate(now);
        entityManager.persist(post);
        entityManager.merge(post);
        entityManager.flush();

        // 执行查询并验证结果
        List<Post> posts = postRepository.findAll();
        assertEquals(1, posts.size());
        assertEquals("Title1", posts.get(0).getTitle());
```

```java
}

@Test
public void testfindById() {
    // 创建并保存一个 Post 对象
    LocalDateTime now = LocalDateTime.now();
    Post post = new Post();
    post.setTitle("Title1");
    post.setContent("Content1");
    post.setAuthor("x");
    post.setPublishedDate(now);
    entityManager.persist(post);
    entityManager.flush();

    // 查找并验证找到的 Post
    Optional<Post> optionalPost = postRepository.findById(post.getId());
    assertTrue(optionalPost.isPresent());
    assertEquals("Title1", optionalPost.get().getTitle());
}

// 可以添加更多测试方法,如 save、deleteById 等,遵循相同模式
}
```

上述代码使用@Autowired 注解自动注入 TestEntityManager 和 PostRepository 对象。TestEntityManager 对象是一个用于测试的 EntityManager 对象,它允许在测试中执行数据库操作。这个测试类的目的是确保 PostRepository 接口的 findAll 和 findById 两个操作能够正确地与数据库交互,返回预期的结果。

7.4.2 服务层集成测试

服务层集成测试的目的是确保服务组件与数据库、其他服务或外部系统之间的交互按预期工作。

【例 7-3】 编写一个全面的集成测试套件,以验证 PostService 类的核心功能。这个测试套件应该包括对创建、检索、更新和删除博客文章等关键操作的测试,确保服务层的业务逻辑在整个应用上下文中按预期执行。

服务层集成测试的主要步骤如下。

(1) 添加依赖和配置测试数据库。

配置测试数据库,通常使用内嵌数据库如 H2。使用@SpringBootTest 注解来启动一个轻量级的应用上下文,确保服务层所需的 Spring 组件得到适当配置。配置测试应用上下文,使用@SpringBootTest 注解。通过 TestEntityManager 或其他数据准备机制,填充数据库,为测试用例提供必要的初始数据状态。

(2) 创建集成测试类。

创建一个测试类,测试服务层如何与其他组件(如数据访问层、配置、外部系统)协同工作。为了确保测试的独立性和数据的一致性,可以使用@Transactional 注解来自动回滚每个测试后的事务,防止数据污染。

（3）编写测试方法。

编写开发测试用例以覆盖各种业务场景，包括 CRUD 操作和特定服务逻辑的边界条件。

使用模拟技术来隔离服务层的业务逻辑，确保其独立于数据访问层进行测试。通过断言验证服务层的输出和行为是否符合预期，确保业务规则和流程的正确性。

```java
import org.junit.jupiter.api.BeforeEach;
import org.junit.jupiter.api.Test;
import org.junit.jupiter.api.extension.ExtendWith;
import org.mockito.InjectMocks;
import org.mockito.Mock;
import org.mockito.junit.jupiter.MockitoExtension;

import java.time.LocalDateTime;
import java.util.List;
import java.util.NoSuchElementException;
import java.util.Optional;

import static org.junit.jupiter.api.Assertions.*;
import static org.mockito.Mockito.*;

@ExtendWith(MockitoExtension.class)
public class PostServiceIntegrationTest {

    @Mock
    private PostRepository postRepository;

    @InjectMocks
    private PostService postService;

    private Post testPost;

    @BeforeEach
    void setUp() {
        LocalDateTime now = LocalDateTime.now();
        testPost = new Post(1L, "Test Title", "Test Content","x",now);
    }

    @Test
    void getAllPosts() {
        // Given
        when(postRepository.findAll()).thenReturn(List.of(testPost));

        // When
        List<Post> posts = postService.getAllPosts();

        // Then
        assertEquals(1, posts.size());
        assertEquals(testPost, posts.get(0));
```

```java
    }

    @Test
    void getPostById_ExistingPost() {
        // Given
        when(postRepository.findById(testPost.getId())).thenReturn(Optional.of(testPost));

        // When
        Post post = postService.getPostById(testPost.getId());

        // Then
        assertEquals(testPost, post);
    }

    @Test
    void getPostById_NonExistingPost() {
        // Given
        when(postRepository.findById(testPost.getId())).thenReturn(Optional.empty());

        // When & Then
        assertThrows(NoSuchElementException.class, () -> postService.getPostById(testPost.getId()));
    }
    // 可以添加更多测试方法,如 createPost、deletePostById 等

}
```

这个测试类通过一系列的测试案例,模拟了与数据库交互的各种场景,验证了 PostService 类在处理获取、查询特定 ID 帖子及处理无效请求时的逻辑正确性和健壮性。

7.4.3 控制器集成测试

控制器层的集成测试主要用于验证控制器与服务层、数据访问层以及前端请求和响应处理的交互是否正确。MockMvc 是 Spring 提供的一个工具,用于在不启动整个服务器的情况下,模拟 HTTP 请求来测试控制器。通过 MockMvc 工具,开发者可以发送 GET、POST 等请求,验证控制器的响应状态码、响应体内容、头信息等,从而确保控制器逻辑的正确性和稳定性。

1. 模拟 HTTP 请求

使用 MockMvc 工具的 perform()方法来模拟 HTTP 请求,例如 get()、post()、put()、delete()等。可以设置请求参数、头信息和请求体。

```java
mockMvc.perform(post("/api/your-endpoint")
        .contentType(MediaType.APPLICATION_JSON)
        .content(jsonString));
```

上述例子使用 content 方法设置请求的 JSON 内容,使用 contentType 方法设置请求的内容类型。

2. 验证响应

MockMvc 工具提供了丰富的断言方法,可以验证 HTTP 响应的各方面,如状态码、响应体、头

信息等。

（1）andExpect(status().isOk())：验证响应状态码是否为200（OK）。也可以根据需要替换isOk()为其他状态码验证方法，如.isCreated()（201）、.isBadRequest()（400）、.isNotFound()（404）等。

（2）andExpect(content().string("..."))：验证响应体内容。

（3）andExpect(jsonPath("$.key").value("..."))：验证JSON响应体中的特定字段。例如，andExpect(jsonPath("$.title").value("Test Post"))检查响应体中的JSON对象，确保其根级别的title字段的值是"Test Post"。如果实际的响应体中的title字段值与预期不符，测试将失败。

（4）andExpect(header().string("Content-Type", "application/json"))：验证响应头。

MockMvc工具是Spring Boot测试库的一个组成部分，常与@WebMvcTest注解结合使用，该注解能自动配置所需的Spring MVC组件，简化测试环境搭建。使用MockMvc工具，开发者可以编写高效且隔离的测试，以验证控制器逻辑的正确性，而不需要完整应用环境的支持。

【例7-4】 编写一个完整的集成测试套件，覆盖PostController类的关键操作。

控制器层的集成测试遵循与服务层相似的步骤，主要包括配置测试类和开发测试用例。依赖项的添加过程在此略过，重点放在如何构建测试类和编写有效的测试方法上。

（1）创建测试类。

建立一个与待测控制器同名的测试类，并在类定义上应用@RunWith(SpringRunner.class)和@WebMvcTest注解。@WebMvcTest注解用于指定控制器，同时自动配置所需的MockMvc环境。通过@Autowired注解引入MockMvc实例，确保它在各个测试方法中随时可用。

（2）编写测试方法。

在测试类中，为控制器的每个动作定义单独的测试方法。每个方法使用mockMvc.perform()来模拟特定的HTTP请求。通过这个方法，可以获取一个ResultActions对象，它允许链式地添加对服务器响应的验证操作。

这样，通过MockMvc工具，开发者可以精确地测试控制器的行为，确保在没有实际网络请求和数据库交互的情况下，控制器的逻辑仍然能够正常工作。

具体代码如下：

```
import com.fasterxml.jackson.databind.ObjectMapper;
import org.junit.jupiter.api.Test;
import org.mockito.InjectMocks;

import org.springframework.beans.factory.annotation.Autowired;
import org.springframework.boot.test.autoconfigure.web.servlet.WebMvcTest;
import org.springframework.boot.test.mock.mockito.MockBean;
import org.springframework.http.MediaType;
import org.springframework.test.web.servlet.MockMvc;
import org.springframework.test.web.servlet.MvcResult;

import java.util.Arrays;
import java.util.List;
import java.util.NoSuchElementException;
```

```java
import static org.junit.jupiter.api.Assertions.assertEquals;
import static org.mockito.Mockito.*;
import static org.springframework.test.web.servlet.request.MockMvcRequestBuilders.*;
import static org.springframework.test.web.servlet.result.MockMvcResultMatchers.*;

@WebMvcTest(PostController.class)
class PostControllerIntegrationTest {

    @Autowired
    private MockMvc mockMvc;

    @MockBean
    private PostService postService;

    @InjectMocks
    private PostController postController;

    private ObjectMapper objectMapper = new ObjectMapper();



    @Test
    void testGetAllPosts() throws Exception {
        List<Post> allPosts = Arrays.asList(new Post(), new Post());
        when(postService.getAllPosts()).thenReturn(allPosts);

        MvcResult result = mockMvc.perform(get("/posts"))
                .andExpect(status().isOk())
                .andReturn();

        assertEquals(allPosts.size(), objectMapper.readValue(result.getResponse().getContentAsString(), List.class).size());

        verify(postService, times(1)).getAllPosts();
        verifyNoMoreInteractions(postService);
    }

    @Test
    void testGetPostById_ExistingPost() throws Exception {
        Long postId = 1L;
        Post existingPost = new Post();
        when(postService.getPostById(postId)).thenReturn(existingPost);

        mockMvc.perform(get("/posts/{postId}", postId))
                .andExpect(status().isOk());

        verify(postService, times(1)).getPostById(postId);
        verifyNoMoreInteractions(postService);
    }
```

```
@Test
void testGetPostById_NonExistingPost() throws Exception {
    Long nonExistentPostId = 2L;
    when(postService.getPostById(nonExistentPostId)).thenThrow(new NoSuchElementException());

    mockMvc.perform(get("/posts/{postId}", nonExistentPostId))
            .andExpect(status().isNotFound());

    verify(postService, times(1)).getPostById(nonExistentPostId);
    verifyNoMoreInteractions(postService);
}

@Test
void testCreatePost() throws Exception {
    Post newPost = new Post();
    Post savedPost = new Post();
    when(postService.createPost(newPost)).thenReturn(savedPost);

    mockMvc.perform(post("/posts")
                    .contentType(MediaType.APPLICATION_JSON)
                    .content(objectMapper.writeValueAsString(newPost)))
            .andExpect(status().isOk());

    verify(postService, times(1)).createPost(newPost);
    verifyNoMoreInteractions(postService);
}

@Test
void testDeletePost() throws Exception {
    Long postId = 1L;
    mockMvc.perform(delete("/posts/{postId}", postId))
            .andExpect(status().isNoContent());

    verify(postService, times(1)).deletePostById(postId);
    verifyNoMoreInteractions(postService);
}
}
```

测试类中分别测试了 PostController 类的 4 个主要功能。

（1）testGetAllPosts 方法模拟了 PostService 类的 getAllPosts 方法返回一个包含两个 Post 对象的列表，然后发送 GET 请求到/posts，验证响应状态为 200（OK）并检查返回的列表的大小。

（2）testGetPostById_ExistingPost 和 testGetPostById_NonExistingPost 是两个测试方法，它们分别验证了在查询存在和不存在的文章 ID 时 PostController 类的行为。

（3）testCreatePost 方法模拟 PostService 类的 createPost 方法返回一个新的 Post 对象，发送 POST 请求创建文章，验证响应状态为 200（OK）。

（4）testDeletePost 方法模拟 deletePostById 方法，发送 DELETE 请求删除文章，验证响应状态为 204（No Content）。

每个测试方法都使用了 Mockito 工具来模拟 PostService 类的行为，然后使用 MockMvc 工具来执行 HTTP 请求并验证响应。

7.5 测试驱动开发

Spring Boot 提供了强大的单元测试和集成测试支持,使得开发者能够高效地验证各层逻辑的正确性。单元测试专注于验证单个组件的行为,而集成测试则关注多个组件之间的协作。然而,如何在项目开发过程中系统地应用这些测试技术?这引出了测试驱动开发(TDD)的方法论。通过 TDD,开发者可以在编写功能代码之前先编写测试用例,从而驱动代码设计,确保每一行代码都具有明确的目的并通过测试验证其功能。

7.5.1 测试驱动开发理念

TDD 是一种注重先写测试后写功能的编程实践。它基于快速反馈的理念,通过先创建测试用例,然后编写刚好能满足这些测试的生产代码,确保软件的质量。TDD 提倡编写可测试的代码、采用小步迭代的方式,不断通过测试反馈来指导设计改进,从而帮助开发者打造出高质且易于维护的软件。

TDD 遵循一个简单的三步循环过程,常被称为红—绿—重构循环。

(1) 红阶段:基于对需求的理解编写一个最简化的测试用例,这个测试用例在缺乏实现代码的情况下预期是失败的,用红色标记失败状态。这个过程验证了测试本身是有效的,它确实能够捕捉到未实现的功能,而不是简单地通过无意义的测试。

(2) 绿阶段:仅编写最少量的生产代码,以确保先前失败的测试用例能够通过(绿色表示成功)。这个阶段的代码可能并不完美,但关键在于迅速实现测试的通过,从而验证功能的基本可行性。

(3) 重构:在确保所有测试继续通过的情况下,对生产代码进行优化和重构,目的是提升代码的整洁度、效率和可读性。由于有测试作为保障,开发者可以安心地进行重构,确信这些改进不会影响现有功能的正确性。

7.5.2 Spring Boot 项目开展 TDD

在 Spring Boot 项目中实施测试驱动开发对初学者而言,是一个分步实践的过程:首先编写测试用例,然后编写足够的代码以通过这些测试,最后进行重构以提升代码质量。从单个小功能着手,先创建一个预期失败的测试,随后编写最简代码以使测试成功,再对代码进行优化以改善设计。

通过不断迭代这个"红—绿—重构"循环,为每个新增功能编写测试,确保测试的全面性。随着经验的积累,初学者将逐步学会在 Spring Boot 环境中高效地应用 TDD,从而增强代码的质量和可维护性。

例如,在开发一个简单的博客系统时,可以通过 TDD 来实现 PostService 类中的 createPost() 方法。以下是遵循 TDD 原则的步骤。

(1) 红阶段。

建立名为 PostServiceTest 的测试类,并在其中定义 testCreatePost()测试方法。利用 JUnit 和 Mockito 框架,对 PostRepository 接口进行模拟,以便在测试中控制其行为。代码如下:

```
@Test
void testCreatePost() {
    // Given
    LocalDateTime now = LocalDateTime.now();
    Post newPost = new Post(null, "New Post Title", "Content", "author", "x",now);
    when(postRepository.save(newPost)).thenReturn(newPost.copyWithGeneratedId());

    // When
    Post savedPost = postService.createPost(newPost);

    // Then
    assertNotNull(savedPost.getId());
    assertEquals(newPost.getTitle(), savedPost.getTitle());
    assertEquals(newPost.getContent(), savedPost.getContent());
    assertEquals(newPost.getAuthor(), savedPost.getAuthor());
}
```

这个测试用例期望 createPost()方法能保存文章并返回一个带有生成 ID 的新文章实例。运行测试,由于 PostService 类的 createPost()方法尚未实现,测试会失败。

(2) 绿阶段。

现在,PostService 类中实现 createPost()方法的最小功能,让它能够通过测试。代码如下:

```
public Post createPost(Post newPost) {
    return postRepository.save(newPost);
}
```

重新运行测试,如果测试通过,说明 createPost()方法的最基本功能已经实现。

(3) 重构。

在重构 createPost()方法时,可以考虑添加异常处理、日志记录以及验证输入的合法性。下面是重构后的 PostService 和 PostServiceTest 类,代码如下:

```
@Service
public class PostService {

    private final PostRepository postRepository;

    public PostService(PostRepository postRepository) {
        this.postRepository = postRepository;
    }

    public Post createPost(Post newPost) {
        validateNewPost(newPost);

        try {
```

```java
        Post savedPost = postRepository.save(newPost);
        log.info("Post created with ID: {}", savedPost.getId());
        return savedPost;
    } catch (Exception e) {
        log.error("Failed to create post: {}", e.getMessage());
        throw new RuntimeException("Failed to create post", e);
    }
}

private void validateNewPost(Post newPost) {
    if (newPost.getTitle().isBlank() || newPost.getContent().isBlank()) {
        throw new IllegalArgumentException("Title and content cannot be empty");
    }
}
}
```

在重构后的代码中,引入了 validateNewPost()方法,用以验证新文章的标题和内容是否为空,若发现为空则抛出异常。此外,createPost()方法现在包括了异常处理逻辑,用于在保存过程中捕获异常、记录日志,并抛出一个更易于理解的异常给用户。为了确保这些改进得到验证,测试用例也需要相应地更新,以覆盖这些新增的验证和异常处理功能。代码如下:

```java
@Test
void testCreatePost_withValidPost() {
    // ... (之前的测试代码不变)

    // When
    Post savedPost = postService.createPost(newPost);

    // Then
    assertNotNull(savedPost.getId());
    assertEquals(newPost.getTitle(), savedPost.getTitle());
    assertEquals(newPost.getContent(), savedPost.getContent());
    assertEquals(newPost.getAuthor(), savedPost.getAuthor());
}

@Test
void testCreatePost_withEmptyTitleOrContent() {
    // Given
LocalDateTime now = LocalDateTime.now();
    Post invalidPost = new Post(null, "", "Content", "author", "x", now);

    // When & Then
    assertThrows(IllegalArgumentException.class, () -> postService.createPost(invalidPost));
}

@Test
void testCreatePost_withSaveFailure() {
    // Given
    doThrow(new RuntimeException("Mocked save failure"))
```

```
        .when(postRepository).save(any(Post.class));

    // When & Then
    assertThrows(RuntimeException.class, () -> postService.createPost(newPost));
}
```

现在，测试用例不仅覆盖了正常创建文章的情况，还包含了标题或内容为空以及保存操作失败的异常情况。这样，PostService 类不仅功能更加完善，而且测试覆盖率更高，代码质量也得到了提升。

通过以上步骤，展示了 TDD 如何引导逐步完善代码，从实现基本功能，到增加输入验证、优化代码结构、添加日志记录和异常处理。每一步都是先编写测试，然后编写刚好足够让测试通过的代码，最后在保证测试通过的前提下进行重构，体现了 TDD"红—绿—重构"的核心思想。这样的过程不仅确保了代码质量，也提高了代码的可读性和可维护性。

TDD 对初学者而言可能略显挑战，因为它要求改变常规的编程方法和思维习惯。然而，作为一种高效的开发工具，TDD 有助于培养良好的编程实践，增强代码的质量和开发效率。起初，这可能会增加工作量，但从长远来看，对测试的投入将带来显著的效益。

7.6 综合案例：博客项目的测试

7.6.1 案例描述

对于 Spring Boot 博客项目而言，实施测试能显著提升代码质量和确保功能的准确性。测试的关键内容涵盖单元测试，特别是针对服务层中执行博客文章创建、读取、更新和删除操作的方法。采用 TDD 方法，系统地完善 PostService 服务层的代码，确保每一项功能都经过严密验证。

7.6.2 案例实现

要利用 TDD 优化这段代码，首先需要按照以下 3 个步骤进行。

（1）编写测试用例：在实现或优化功能代码之前，编写针对 PostService 类的方法的测试用例。

（2）运行测试：确保测试用例在初次运行时失败，以验证测试用例的有效性。

（3）实现功能：编写或优化 PostService 类中的方法，使测试用例通过。

以下是针对 PostService 类的各个方法编写的测试用例，然后根据测试用例的反馈对 PostService 类进行优化。

1. 第 1 次优化

（1）编写测试用例。

创建一个测试类 PostServiceTest，并为每个方法编写测试用例。代码如下：

```
import org.junit.jupiter.api.BeforeEach;
import org.junit.jupiter.api.Test;
```

```java
import org.mockito.InjectMocks;
import org.mockito.Mock;
import org.mockito.MockitoAnnotations;

import java.time.LocalDateTime;
import java.util.Arrays;
import java.util.List;
import java.util.NoSuchElementException;
import java.util.Optional;

import static org.junit.jupiter.api.Assertions.*;
import static org.mockito.Mockito.*;

class PostServiceTest {
    @Mock
    private PostRepository postRepository;

    @InjectMocks
    private PostService postService;

    @BeforeEach
    public void setUp() {
        MockitoAnnotations.openMocks(this);
    }

    @Test
    public void testGetAllPosts() {
        LocalDateTime now = LocalDateTime.now();
        Post post1 = new Post(1L, "Post 1", "Content 1","x",now);
        Post post2 = new Post(2L, "Post 2", "Content 2","x",now);
        when(postRepository.findAll()).thenReturn(Arrays.asList(post1, post2));

        List<Post> posts = postService.getAllPosts();
        assertEquals(2, posts.size());
        verify(postRepository, times(1)).findAll();
    }

    @Test
    public void testGetPostById_Success() {
        LocalDateTime now = LocalDateTime.now();
        Post post = new Post(1L, "Post 1", "Content 1","x",now);
        when(postRepository.findById(1L)).thenReturn(Optional.of(post));

        Post foundPost = postService.getPostById(1L);
        assertEquals("Post 1", foundPost.getTitle());
        verify(postRepository, times(1)).findById(1L);
    }

    @Test
    public void testGetPostById_NotFound() {
```

```
    when(postRepository.findById(1L)).thenReturn(Optional.empty());

    assertThrows(NoSuchElementException.class, () -> {
        postService.getPostById(1L);
    });
    verify(postRepository, times(1)).findById(1L);
}

@Test
public void testCreatePost() {
    LocalDateTime now = LocalDateTime.now();
    Post newPost = new Post(null, "New Post", "New Content","x",now);
    Post savedPost = new Post(1L, "New Post", "New Content","x",now);
    when(postRepository.save(newPost)).thenReturn(savedPost);

    Post result = postService.createPost(newPost);
    assertNotNull(result.getId());
    assertEquals("New Post", result.getTitle());
    verify(postRepository, times(1)).save(newPost);
}

@Test
public void testDeletePostById() {
    doNothing().when(postRepository).deleteById(1L);
    postService.deletePostById(1L);
    verify(postRepository, times(1)).deleteById(1L);
}

}
```

（2）运行测试。

在初次运行测试用例时，有可能会发现一些方法没有通过测试。这时会根据测试用例的反馈来优化 PostService 类的方法。

（3）实现功能。

如果测试用例没有通过，根据测试用例的反馈进行修改，以确保所有测试用例都通过。在此案例中，PostService 类的方法基本实现了测试用例的需求，但仍然可以通过 TDD 进一步优化代码。例如，在 getPostById 方法中，可以用更优雅的方式处理 Optional，并确保其他方法的逻辑清晰且易于测试。

优化后的 PostService 类代码如下：

```
import org.springframework.stereotype.Service;

import java.util.List;
import java.util.NoSuchElementException;
import java.util.Optional;

@Service
public class PostService {
```

```java
    private final PostRepository postRepository;

    public PostService(PostRepository postRepository) {
        this.postRepository = postRepository;
    }

    public List<Post> getAllPosts() {
        return postRepository.findAll();
    }

    public Post getPostById(Long postId) {
        return postRepository.findById(postId)
                .orElseThrow(() -> new NoSuchElementException("No post found with ID: " + postId));
    }

    public Post createPost(Post newPost) {
        return postRepository.save(newPost);
    }

    public void deletePostById(Long postId) {
        postRepository.deleteById(postId);
    }
}
```

通过这种 TDD 的方式,确保修改后的代码依然可以通过测试,从而提高了代码的质量和可靠性。

2. 第 2 次优化

第 1 次优化成功之后,继续进行优化,在 deletePostById 方法中检查是否存在对应的 postId。

(1) 编写测试用例。

```java
class PostServiceTest {
    @Mock
    private PostRepository postRepository;

    @InjectMocks
    private PostService postService;

    @BeforeEach
    public void setUp() {
        MockitoAnnotations.openMocks(this);
    }

    @Test
    public void testGetAllPosts() {
        LocalDateTime now = LocalDateTime.now();
        Post post1 = new Post(1L, "Post 1", "Content 1", "x", now);
        Post post2 = new Post(2L, "Post 2", "Content 2", "x", now);
        when(postRepository.findAll()).thenReturn(Arrays.asList(post1, post2));
```

```java
        List<Post> posts = postService.getAllPosts();
        assertEquals(2, posts.size());
        verify(postRepository, times(1)).findAll();
    }

    @Test
    public void testGetPostById_Success() {
        LocalDateTime now = LocalDateTime.now();
        Post post = new Post(1L, "Post 1", "Content 1", "x", now);
        when(postRepository.findById(1L)).thenReturn(Optional.of(post));

        Post foundPost = postService.getPostById(1L);
        assertEquals("Post 1", foundPost.getTitle());
        verify(postRepository, times(1)).findById(1L);
    }

    @Test
    public void testGetPostById_NotFound() {
        when(postRepository.findById(1L)).thenReturn(Optional.empty());

        NoSuchElementException thrown = assertThrows(NoSuchElementException.class, () -> {
            postService.getPostById(1L);
        });
        assertEquals("No post found with ID: 1", thrown.getMessage());
        verify(postRepository, times(1)).findById(1L);
    }

    @Test
    public void testCreatePost() {
        LocalDateTime now = LocalDateTime.now();
        Post newPost = new Post(null, "New Post", "New Content", "x", now);
        Post savedPost = new Post(1L, "New Post", "New Content", "x", now);
        when(postRepository.save(newPost)).thenReturn(savedPost);

        Post result = postService.createPost(newPost);
        assertNotNull(result.getId());
        assertEquals("New Post", result.getTitle());
        verify(postRepository, times(1)).save(newPost);
    }

    @Test
    public void testDeletePostById_Success() {
        when(postRepository.existsById(1L)).thenReturn(true);
        doNothing().when(postRepository).deleteById(1L);

        postService.deletePostById(1L);
        verify(postRepository, times(1)).existsById(1L);
        verify(postRepository, times(1)).deleteById(1L);
    }
```

```java
@Test
public void testDeletePostById_NotFound() {
    when(postRepository.existsById(1L)).thenReturn(false);

    NoSuchElementException thrown = assertThrows(NoSuchElementException.class, () -> {
        postService.deletePostById(1L);
    });
    assertEquals("No post found with ID: 1", thrown.getMessage());
    verify(postRepository, times(1)).existsById(1L);
}
}
```

(2) 运行测试。

测试结果显示，testDeletePostById_Success 和 testDeletePostById_NotFound 方法没有通过测试。

(3) 编写代码使测试通过。

```java
import org.springframework.stereotype.Service;

import java.util.List;
import java.util.NoSuchElementException;

@Service
public class PostService {

    private final PostRepository postRepository;

    public PostService(PostRepository postRepository) {
        this.postRepository = postRepository;
    }

    public List<Post> getAllPosts() {
        return postRepository.findAll();
    }

    public Post getPostById(Long postId) {
        return postRepository.findById(postId)
                .orElseThrow(() -> new NoSuchElementException("No post found with ID: " + postId));
    }

    public Post createPost(Post newPost) {
        return postRepository.save(newPost);
    }

    public void deletePostById(Long postId) {
        if (!postRepository.existsById(postId)) {
            throw new NoSuchElementException("No post found with ID: " + postId);
        }
```

```
        postRepository.deleteById(postId);
    }
}
```

修改后的代码在执行删除操作之前,通过调用 existsById 方法验证给定的 postId 是否存在。这一改动有效防止了针对不存在记录的删除操作,确保了数据的一致性与完整性。

采用测试驱动开发方法,确保了这一优化过程中的每一步都伴随着相应的测试案例,进而保障了代码质量及功能的正确实现。

7.6.3　案例总结

测试的价值在于及早发现并修复潜在缺陷,增强代码的稳健性和可维护性,同时它也是编程技能学习的重要组成部分。深入学习测试技术,例如行为驱动开发(BDD)、端到端测试、性能测试等,可以进一步提升测试能力。不断探索和应用这些高级测试方法和框架特性,将为开发工作带来长远的益处。

习题 7

1. Spring Boot 测试不支持哪种类型的测试?(　　)
   A. 单元测试　　　　B. 集成测试　　　　C. 原型测试　　　　D. 端到端测试
2. 以下注解用于只启动数据访问层相关的组件进行测试的是(　　)。
   A. @SpringBootTest　　　　　　　　B. @WebMvcTest
   C. @DataJpaTest　　　　　　　　　D. @RestBootTest
3. 在 Spring Boot 测试中,用于在测试类中注入 MockBean 的注解的是(　　)。
   A. @MockBean　　B. @SpyBean　　C. @Autowired　　D. @InjectMocks
4. 完成 PostRepository 类中的 save、deleteById 等方法的测试。

第8章 安全

视频讲解

在当今数字化的世界中,随着信息技术的迅猛发展,保护用户数据和应用程序资源的需求变得愈发迫切。Spring Boot 作为一个强大的 Java 开发框架,提供了丰富的安全性功能,使开发者能够轻松地集成和定制安全性方案。本章将讨论 Spring Boot 在安全性方面的应用,包括认证和授权机制,指导读者利用 Spring Security 配置应用程序,以防止未授权访问,并实现高效的用户认证与授权流程。

8.1 Spring Security 基础

Spring Security 是一个强大的、高度可定制的安全框架,用于为基于 Spring 的应用程序提供认证(Authentication)和授权(Authorization)服务。

8.1.1 认证和授权的基本概念

Spring Security 的认证是验证用户身份的过程,它涉及收集用户的登录信息,如用户名和密码,然后通过安全组件(如 UserDetailsService)验证这些信息。当信息验证无误后,Spring Security 创建一个 Authentication 对象,封装用户的身份和权限信息,并将其存储在安全上下文中。这个上下文通常是一个 SecurityContext 对象,它跟踪当前线程中的认证用户。认证成功后,用户被认为已登录,并有权访问系统中根据其权限配置允许的资源和服务。

Spring Security 的授权是控制已认证用户访问资源或执行操作的过程,它基于权限和角色来决定用户能否执行特定的请求。授权通常通过配置访问控制规则,比如使用注解(如@Secured、@PreAuthorize、@PostAuthorize)或 XML 配置来定义哪些 URL 或方法需要特定的角色或权限。此外,Spring Security 的访问决策管理器会根据这些规则和用户的权限信息来决定是否允许访问。授权确保了只有具备相应权限的用户才能访问受保护的系统资源,从而维护了系统的安全性。

认证与授权是信息安全的两大基石。认证是核实用户身份的第一步,它确立了"你是谁",相当于进入系统的通行证。授权则基于认证的结果,确定用户"能做什么",通过用户的角色或权限来限定其对资源的访问。这两个过程相互依赖,认证为授权提供了前提,二者共同保障了系统的安全性。

8.1.2 Spring Security 的核心概念

1. 过滤器链机制

过滤器链(Security Filter Chain)是 Spring Security 中用于保护 Web 应用程序的一种核心机制。它将一系列的安全相关的过滤器串联起来,为 Web 应用程序提供了一种可扩展、易于管理的安全防护机制。每个请求在到达受保护资源之前,必须经过链中所有过滤器的检查和处理,每个过滤器负责处理特定的安全相关任务,如认证、授权、攻击防护等。这样,整个安全检查过程对应用程序透明,开发者只需关注业务逻辑。这种设计允许开发人员灵活地配置和组合不同的安全策略,以应对各种复杂的安全需求。请求在过滤器链中的流转遵循"先入后出"的原则,只有全部通过验证的请求才能最终访问到目标资源。

整个过程就像酒店的安检流程,经历了会员卡验证、身份识别、会员权益登记和权限检查等一系列环节。每个环节都扮演着重要的角色,确保只有符合条件的 VIP 客户才能通过。这个过程类似于一个有序的流程,每个环节都是一个过滤器,负责不同的安检工作,最终维护了晚宴活动的安全和私密性。

常见的 Spring Security 过滤器包括以下几种。

SecurityContextPersistenceFilter:负责在请求开始时从存储(如 HttpSession)中恢复 SecurityContext,并在请求结束时将其持久化存储。

UsernamePasswordAuthenticationFilter:处理登录请求,提取用户名和密码,进行身份验证。

RequestCacheAwareFilter:处理未通过身份验证的请求,如重定向到登录页面后的原请求恢复。

BasicAuthenticationFilter:实现 HTTP 基本认证,处理请求头中的基本认证信息。

SecurityContextHolderAwareRequestFilter:将请求包装为 SecurityContextHolderAwareRequestWrapper 对象,使其能访问 SecurityContext 对象。

AnonymousAuthenticationFilter:如果请求未经过身份验证,创建匿名 Authentication 对象放入 SecurityContext 对象。

SessionManagementFilter:管理用户会话,如并发控制、会话超时处理等。

ExceptionTranslationFilter:捕获并处理 Spring Security 抛出的异常,如 AccessDeniedException 异常,通常将其转换为 HTTP 状态码和错误页面。

FilterSecurityInterceptor:最终的安全决策者,根据配置的访问控制规则(如 URL 规则、方法级别规则)对请求进行权限检查。

2. SecurityContextHolder 和 SecurityContext

SecurityContextHolder 类和 SecurityContext 接口是 Spring Security 框架中紧密关联的两个核心组件,它们共同构成了 Spring Security 中安全信息的存储和访问机制。

SecurityContextHolder 类是 Spring Security 中的关键工具类,它作为一个全局容器,存储着与当前线程相关联的 SecurityContext 实例。通过调用 SecurityContextHolder.getContext()方法,可以在应用程序的任何部分获取当前线程的安全上下文,这对于在多层服务调用中传递安全信息非常关键。

默认情况下,SecurityContextHolder 利用 ThreadLocal 机制来实现,确保每个线程都能够访问到独立的 SecurityContext 对象。这种机制保证了在多线程应用中,每个线程都能够安全地访问属于自己的上下文信息,而不会发生数据交叉或混淆。

SecurityContext 对象是 Spring Security 中的核心数据结构,用于保存当前用户的安全上下文信息,包括认证信息和权限信息,以便于系统在任何时刻都能快速、准确地识别用户身份并作出访问控制决策。它封装了与当前执行线程相关的所有安全相关信息,最核心的部分是当前用户的 Authentication 对象。一旦用户通过身份验证,其验证信息(如用户名、权限、角色等)就会被封装到一个 Authentication 对象中,并存储在 SecurityContext 对象中。

在请求处理流程中,包括过滤器链中的授权决策和业务逻辑处理等环节,都依赖 SecurityContext 对象中的权限数据来执行。如用户被注销或会话超时,相关的安全上下文将被适时地清除或标记为无效,这一机制保障了权限状态的准确性和时效性。

3. Authentication 接口

Authentication 接口是构建安全体系结构的基础组件之一。它封装了用户的身份、凭证、验证状态以及权限信息,为实现身份验证、访问控制、会话管理和审计追踪等功能提供了统一的数据模型。

Authentication 接口定义的关键属性如下。

(1) Principal:代表认证主体(如用户名、用户唯一标识符或自定义用户对象),通常标识请求的发起者。

(2) Credentials:代表主体的凭证(如密码、密钥等),在验证过程中使用,实际应用中通常不会在 Authentication 对象中持久存储明文密码。

(3) Authenticated:布尔值,表示主体是否已通过身份验证。

(4) Details:可选的额外认证细节信息,如 IP 地址、Session ID 等。

(5) GrantedAuthorities:一组 GrantedAuthority 对象,表示主体所具有的权限或角色。

Authentication 接口定义了以下主要方法。

(1) getName():获取用户的身份标识,通常是用户的用户名。

(2) getPrincipal():获取用户的主体对象,通常是一个实现了 Principal 接口的对象,代表用户的身份信息。

(3) getAuthorities():获取用户的权限列表,即用户被授予的权限集合。

(4) getCredentials():获取用户的凭据,通常是用户提供的身份验证凭据,如密码。

(5) getDetails():获取与认证请求相关的详细信息,通常是一些附加的认证信息,例如 IP 地址、会话 ID 等。

实际应用中,可以通过访问 Authentication 对象来获取用户的认证信息,并根据需要进行相应的处理,例如根据用户的权限来控制访问、记录用户的登录日志等。

8.1.3 安全配置

在 Spring Security 6 中,安全性配置的重心转向了基于组件和注解的方法,摒弃了之前的

WebSecurityConfigurerAdapter 类。开发者需要定义一个配置类，并在其中实现 SecurityFilterChain Bean 的创建。

构建 SecurityFilterChain 的核心是通过 HttpSecurity 实例来配置各种安全规则，包括认证、授权、登录、注销、CSRF 保护、会话管理、异常处理等安全相关的各方面。通过 HttpSecurity 的链式配置方法，开发者可以逐步构建安全策略，每个方法调用都对应一种特定的安全设置。完成配置后，调用 .build() 方法生成最终的 SecurityFilterChain 实例。这种配置方式的灵活性和强大功能使得开发者能够细致地定制应用的安全策略，满足特定的安全需求。

以下是使用 HttpSecurity 配置安全策略的详细步骤。

（1）配置认证。使用 http.authorizeRequests() 方法明确指定哪些 URL 路径需要进行用户认证，以及哪些路径可以开放给未认证的访问者。这个方法提供了一种声明式的方式来设置访问控制规则，允许精细地控制应用程序的安全性。

示例代码如下：

```
http
        .authorizeHttpRequests((requests) -> requests
            // 允许匿名访问的 URL
            .requestMatchers("/public/**").permitAll()
            // 任何请求都需要认证
            .anyRequest().authenticated())
```

上述代码配置了认证规则，允许所有访问 /public/** 路径的请求无须进行用户认证，同时要求对应用程序中所有其他请求进行用户认证。这种设置简化了对公共资源的访问，同时确保了对敏感操作的安全性。

（2）配置登录。利用 http.formLogin() 方法设置表单登录的流程。这包括指定登录页面的 URL、登录表单的提交地址以及登录成功后的重定向 URL。通过此方法，可以轻松实现传统的用户名和密码登录机制。

示例代码如下：

```
http
        // 其他安全配置……
        .formLogin(form -> {
            // 设置登录页面
            form.loginPage("/login");
            // 设置登录提交的 URL
            form.loginProcessingUrl("/login 提交");
            // 设置登录失败后的重定向 URL
            form.failureUrl("/login?error = true");
            // 设置登录成功后的重定向 URL
            form.defaultSuccessUrl("/", true); // true 表示使用 HTTP GET 方法
            // 设置自定义的登录处理器
            form.authenticationSuccessHandler(authenticationSuccessHandler());
            // 设置自定义的登录失败处理器
            form.authenticationFailureHandler(authenticationFailureHandler());
        })
```

在这个示例中,配置了表单登录所需的各个要素,包括指定的登录页面、处理登录请求的 URL 以及用户登录成功或失败后的重定向目标。此外,通过实现 authenticationSuccessHandler 和 authenticationFailureHandler 处理器,可以自定义登录成功和失败时的处理器,从而在登录流程中集成特定的业务逻辑处理。

(3) 配置注销。通过 http.logout() 方法来设定用户注销的行为。这允许指定注销请求的 URL、是否需要删除 cookie,以及注销操作完成后的重定向目标。此方法提供了一种标准化的方式来管理用户的注销过程。

示例代码如下:

```
http
        // 其他安全配置……
        .logout(logout -> logout.permitAll());
```

logout.permitAll() 方法表示允许所有用户(无论是认证过的还是未认证过的)执行注销操作。

(4) 配置其他安全特性。

① CSRF 防护。

启用跨站请求伪造(CSRF)保护,这是一种安全机制,用来防止恶意网站通过伪装的请求来利用用户在另一网站上的登录状态。通过 Spring Security 的配置,可以确保所有敏感操作都经过了 CSRF 令牌的验证,从而增强了应用程序的安全性。

启用或配置 CSRF 保护,通过在安全配置中设置 http.csrf() 方法来实现。默认情况下,CSRF 保护是启用的,但可以自定义其行为以适应特定应用程序的需求。例如,可以自定义生成 CSRF 令牌的方式,以满足特定的安全策略。通过这些配置,可以确保应用程序在处理用户请求时,能够有效地防止 CSRF 攻击,增强应用的安全性。

② HTTP 响应头。

通过配置 HTTP 响应头,例如实施 HTTP Strict Transport Security(HSTS),可以增强应用程序的安全性。HSTS 头确保浏览器仅通过安全的 HTTPS 连接与服务器通信,有效预防中间人攻击。此外,通过设置如 X-Content-Type-Options、X-Frame-Options 和 X-XSS-Protection 等响应头,可以进一步防范内容嗅探、单击劫持和跨站脚本攻击,为应用程序提供全面的保护措施。

示例代码如下:

```
http.headers(headers -> headers
    .httpStrictTransportSecurity(hsts -> hsts
        .maxAge(Duration.ofDays(365))
        .includeSubdomains(true)
    ));
```

这段代码配置了服务器响应头,强制客户端(如浏览器)在接下来的一年内仅通过 HTTPS 与服务器通信,并且这个规则对所有子域都有效。这增加了一层安全保护,以防止诸如 SSL 剥离等攻击。

③ 异常处理。

通过定义异常处理逻辑,可以对 Spring Security 捕获的安全异常进行个性化响应,例如登录失败、权限不足或会话超时等情况。这通常涉及实现 AuthenticationEntryPoint 接口来自定义未授权的访问尝试响应，或者实现 AccessDeniedHandler 接口来自定义权限拒绝的响应。通过这种方式，可以确保异常情况得到恰当的处理，并向用户提供清晰的反馈。

示例代码如下：

```
http.exceptionHandling(exceptionHandling -> exceptionHandling
    .accessDeniedHandler(accessDeniedHandler())            // 自定义 AccessDeniedHandler
    .authenticationEntryPoint(authenticationEntryPoint())  // 自定义 AuthenticationEntryPoint
);
```

这段代码设置了当用户访问受限资源时，Spring Security 将如何响应。如果用户未认证，将使用自定义的 AuthenticationEntryPoint 来处理；如果用户认证失败或被拒绝访问，将使用自定义的 AccessDeniedHandler 来处理。这允许开发者根据应用程序的需求提供定制的异常响应，例如重定向到登录页面或显示一个自定义的错误页面。

【例 8-1】 利用 Spring Security 6 实现一个简单的用户名/密码的身份验证。

（1）添加依赖。

确保项目中包含 Spring Security 相关的依赖。以下是一个简单的 Maven 依赖示例：

```xml
<dependency>
    <groupId>org.springframework.boot</groupId>
    <artifactId>spring-boot-starter-security</artifactId>
</dependency>
```

（2）创建一个配置类，配置 Spring Security 的过滤器链。

示例代码如下：

```java
import org.springframework.context.annotation.Bean;
import org.springframework.context.annotation.Configuration;
import org.springframework.security.config.annotation.web.builders.HttpSecurity;
import org.springframework.security.config.annotation.web.configuration.EnableWebSecurity;
import org.springframework.security.core.userdetails.User;
import org.springframework.security.core.userdetails.UserDetails;
import org.springframework.security.core.userdetails.UserDetailsService;
import org.springframework.security.provisioning.InMemoryUserDetailsManager;
import org.springframework.security.web.SecurityFilterChain;

import static org.springframework.security.config.Customizer.withDefaults;

@Configuration
@EnableWebSecurity
public class SecurityConfig {

    @Bean
    public SecurityFilterChain securityFilterChain(HttpSecurity http) throws Exception {
        http
            .authorizeHttpRequests((requests) -> requests
                .requestMatchers("/", "/home").permitAll()
                .anyRequest().authenticated()
```

```
            )
            .formLogin(withDefaults())
            .logout(withDefaults());

        return http.build();
    }

    @Bean
    public UserDetailsService userDetailsService() {
        UserDetails user = User.withDefaultPasswordEncoder()
                .username("user")
                .password("password")
                .roles("USER")
                .build();

        return new InMemoryUserDetailsManager(user);
    }
}
```

这段代码定义了一个 Spring Security 配置类 SecurityConfig。它启用了 Web 安全功能,并配置了安全过滤器链,允许匿名访问"/"和"/home"路径。对于所有其他路径,访问则需要通过认证。此外,配置类还设定了登录和注销的默认行为。为了简化认证过程,配置中还包括了一个内存用户详情服务,其中定义了一个用户"user",其密码为"password",并赋予了"USER"角色。

(3) 测试的控制器。

示例代码如下:

```
import org.springframework.web.bind.annotation.GetMapping;
import org.springframework.web.bind.annotation.RequestMapping;
import org.springframework.web.bind.annotation.RestController;

@RestController
public class WebController {

    @GetMapping("/")
    public String home() {
        return "Hello, World!";
    }

    @RequestMapping("/home")
    public String homePage() {
        return "This is the home page.";
    }

    @RequestMapping("/test")
    public String testPage() {
        return "This is the test page.";
    }
}
```

在程序运行状态下，用户可以自由浏览 http://localhost:8080 和 http://localhost:8080/home 两个页面，无须事先登录。然而，访问 http://localhost:8080/test 时，系统会提示用户进行身份验证。用户需使用默认的账户信息，即用户名为"user"、密码为"password"，成功登录后才能查看该页面。

这个案例展示了最基础的 Spring Security 配置，用户信息存储在内存中，且密码未经加密。在实际应用中，为了安全起见，通常会使用数据库存储用户信息，并对密码进行哈希加密处理。

8.2 认证

Spring Security 框架中的认证流程是用户身份验证的核心环节。它开始于用户提交自己的登录凭证，通常是用户名和密码。系统接收到这些凭证后，会进行一系列的验证操作，以确保提交的信息与存储在系统中的凭证相匹配。如果验证成功，Spring Security 将生成一个包含用户身份和权限信息的认证对象。这个对象随后会被用于授权用户访问受保护的资源。

在 Spring Security 6 的认证流程中，SecurityFilterChain 过滤器和 UserDetailsService 服务共同协作确保请求的安全性。SecurityFilterChain 负责定义一系列安全过滤器，这些过滤器决定请求是否需要认证、如何处理认证，以及如何进行授权。当一个请求需要认证时，UserDetailsService 服务会被调用来从内存或数据库加载用户的详细信息（如用户名、密码和角色），并将这些信息交给认证管理器。认证管理器通过比较请求中的凭据和 UserDetailsService 服务提供的用户数据来验证用户身份，从而决定是否允许访问请求的资源。

【例 8-2】 使用数据库中的用户信息而不是内存中的用户信息进行认证。

要使用数据库中的用户信息而不是内存中的用户信息进行认证，可以配置一个自定义的 UserDetailsService 服务，从数据库加载用户数据。

实现步骤如下。

（1）添加依赖。

确保添加了数据库、安全和 JPA 相关的依赖。

（2）创建 User 实体类。

创建一个用户实体类来映射数据库中的用户表，代码如下：

```java
import jakarta.persistence.*;
import lombok.AllArgsConstructor;
import lombok.Data;
import lombok.NoArgsConstructor;

@Data
@AllArgsConstructor
@NoArgsConstructor
@Entity
@Table(name = "users")     // 使用非保留关键字的表名
public class User {
    @Id
    @GeneratedValue(strategy = GenerationType.IDENTITY)
```

```java
    private Long id;

    @Column(nullable = false, unique = true)
    private String username;

    @Column(nullable = false)
    private String password;
}
```

(3) 创建 UserRepository 接口。

创建一个 UserRepository 接口，用于从数据库中查询用户信息，代码如下：

```java
import org.springframework.data.jpa.repository.JpaRepository;
import org.springframework.stereotype.Repository;

@Repository
public interface UserRepository extends JpaRepository<User, Long> {
    User findByUsername(String username);
}
```

(4) 实现自定义的 UserDetailsService 服务。

实现一个自定义的 UserDetailsService 服务，在认证时从数据库加载用户信息，代码如下：

```java
import org.springframework.beans.factory.annotation.Autowired;
import org.springframework.security.core.userdetails.UserDetails;
import org.springframework.security.core.userdetails.UserDetailsService;
import org.springframework.security.core.userdetails.UsernameNotFoundException;
import org.springframework.stereotype.Service;

@Service
public class CustomUserDetailsService implements UserDetailsService {
    @Autowired
    private UserRepository userRepository;

    @Override
    public UserDetails loadUserByUsername(String username) throws UsernameNotFoundException {
        User user = userRepository.findByUsername(username);
        if (user == null) {
            throw new UsernameNotFoundException("User not found");
        }
        org.springframework.security.core.userdetails.User.UserBuilder builder = org.springframework.security.core.userdetails.User.withUsername(username);
        builder.password(user.getPassword());
        builder.roles("USER");      // 设置角色
        return builder.build();
    }
}
```

这里提供了一个自定义的 UserDetailsService 服务，通过 @Bean 注解或自动扫描，Spring Security 在认证过程中将自动使用自定义 UserDetailsService 服务来获取用户详细信息。

（5）配置安全设置。

```
import org.springframework.context.annotation.Bean;

import org.springframework.context.annotation.Configuration;
import org.springframework.security.config.annotation.web.builders.HttpSecurity;
import org.springframework.security.config.annotation.web.configuration.EnableWebSecurity;
import org.springframework.security.crypto.bcrypt.BCryptPasswordEncoder;
import org.springframework.security.crypto.password.PasswordEncoder;
import org.springframework.security.web.SecurityFilterChain;

import static org.springframework.security.config.Customizer.withDefaults;

@Configuration
@EnableWebSecurity
public class SecurityConfig {


    @Bean
    public PasswordEncoder passwordEncoder() {
        return new BCryptPasswordEncoder();
    }


    @Bean
    public SecurityFilterChain securityFilterChain(HttpSecurity http) throws Exception {
     http.headers(headers -> headers.frameOptions(frameOptions -> frameOptions.sameOrigin()));
        http
                .authorizeHttpRequests((requests) -> requests
                    .requestMatchers("/").permitAll()
                    .anyRequest().authenticated()
                )
                .formLogin(withDefaults())
                .logout(withDefaults());
        return http.build();
    }
}
```

使用@Bean注解定义密码编码器，选择BCryptPasswordEncoder编码器作为实现，是为了确保用户密码在存储到数据库之前被安全地加密。这种加密方式提供了一种强密码存储机制，可以抵御彩虹表攻击，增强账户安全性。在用户登录时，Spring Security将使用相同的密码编码器对输入的密码进行加密，并与数据库中的加密密码进行比对，以验证用户身份。通过这种方式，即使数据库被非法访问，密码信息也不会以明文形式泄露，从而保护用户账户的安全。

（6）创建控制器。

```
import org.springframework.web.bind.annotation.GetMapping;
import org.springframework.web.bind.annotation.RestController;
```

```
@RestController
public class WebController {

    @GetMapping("/")
    public String home() {
        return "Hello, world!";
    }

    @GetMapping("/hello")
    public String hello() {
        return "Hello, authenticated user!";
    }
}
```

(7) 测试。

为了方便测试,创建了一个配置类。该类在应用程序启动时负责自动配置数据库环境。

```
import jakarta.annotation.PostConstruct;
import org.springframework.beans.factory.annotation.Autowired;
import org.springframework.context.annotation.Configuration;
import org.springframework.security.crypto.password.PasswordEncoder;

@Configuration
public class DataInitializer {
    @Autowired
    private UserRepository userRepository;

    @Autowired
    private PasswordEncoder passwordEncoder;

    @PostConstruct
    public void init() {
        // 清除数据
        userRepository.deleteAll();

        // 增加默认用户
        User user1 = new User();
        user1.setUsername("user1");
        user1.setPassword(passwordEncoder.encode("password1"));
        userRepository.save(user1);

        User user2 = new User();
        user2.setUsername("user2");
        user2.setPassword(passwordEncoder.encode("password2"));
        userRepository.save(user2);
    }
}
```

启动应用,访问 http://localhost:8080/hello 需要进行身份验证。使用预先存储的用户名和密码(如 user1/password1 和 user2/password2)进行登录。成功登录后,就可以访问受保护的资源了。

8.3 授权

8.3.1 授权的基本概念

在 Spring Boot 中，授权是 Spring Security 框架的一部分，用于控制已认证用户对应用程序资源的访问。授权确保只有具备相应权限的用户才能执行特定的操作。它基于预定义的规则，这些规则可以是基于角色的访问控制（Role-Based Access Control，RBAC），其中用户被分配到具有特定权限的角色；也可以是基于权限的访问控制，允许对单个资源或操作进行精细控制。Spring Boot 通过配置 HTTP 安全设置，使用注解（如@PreAuthorize、@PostAuthorize）和访问决策表达式来实现授权。例如，可以设置 URL 路径匹配规则，限制只有拥有特定角色的用户才能访问特定的端点。通过这种方式，Spring Boot 帮助开发者轻松地构建安全、受控的访问控制系统，保护应用程序免受未经授权的访问。

在 Spring Boot 应用中，授权功能由 Spring Security 框架提供，它负责管理认证后的用户对应用资源的访问权限。授权机制确保只有拥有相应权限的用户才能执行特定的操作。这种控制可以是基于角色的访问控制，用户根据分配的角色获得相应的权限集合；也可以是基于属性的访问控制，允许对单个资源或操作进行更细致的访问控制。

Spring Boot 通过简化的配置，使得设置 HTTP 安全变得直观。开发者可以使用 Spring Security 提供的注解，如@PreAuthorize 和@PostAuthorize，来声明方法级别的安全约束。这些注解支持使用 SpEL 表达式，允许开发者定义复杂的访问控制逻辑。

例如，通过定义 URL 路径的访问规则，可以限制只有拥有特定角色的用户才能访问某些 API 端点。这样的配置不仅提高了安全性，还使得访问控制的实现变得灵活。

8.3.2 授权的工作原理

在 Spring Security 6 中，授权是指确定已通过身份验证的用户是否有权限访问特定资源或执行特定操作的过程。授权工作原理是确保用户在通过身份验证后，根据其拥有的权限和角色，决定他们是否有权访问特定的资源或执行特定的操作。这通常涉及检查用户请求的资源或操作是否与用户权限相匹配，以及是否有任何附加的安全策略或条件需要满足。

Spring Security 框架提供了多种灵活的授权机制，以适应不同的安全需求。

（1）角色的访问控制（RBAC）：一种常见的授权方法，通过将用户分配到具有特定权限的角色来简化权限管理。例如，"管理员"角色可能拥有访问所有资源的权限，而"访客"角色可能只有阅读权限。

（2）访问控制列表（ACL）：一种更为细粒度的授权方式，允许定义哪些用户或角色可以对特定对象执行哪些操作。ACL 提供了对资源访问的精确控制，适用于需要高度定制权限的场景。

（3）基于表达式的访问控制（Expression-Based Access Control，ELAC）：一种使用 SpEL 来编写访问控制规则的方法。通过 SpEL 表达式，开发者可以定义复杂的授权逻辑，实现对用户访问权限的动态评估。

8.3.3 授权配置

授权配置是通过 Spring Security 实现对应用中不同资源的访问控制。它主要分为基于 URL 的授权和方法级别的授权两种策略。基于 URL 的授权通过 HttpSecurity 配置实现,允许开发者定义特定路径的访问规则,如限定只有拥有特定角色或权限的用户才能访问某些页面或接口。而方法级别的授权则通过使用@PreAuthorize 和@Secured 等注解来实现,在方法执行前进行权限检查,确保只有符合条件的用户才能执行特定的操作。通过这两种策略,可以实现细粒度的安全控制,确保只有具备适当权限的用户才能访问应用的特定资源和功能。

1. 基于 URL 的授权

基于 URL 的授权是指根据请求的 URL 对用户进行访问控制。常见的场景包括:限制某些 URL 仅供特定角色或权限的用户访问,配置公共和私有 URL,以及根据用户角色和权限的变化动态地配置授权规则。

Spring Security 6 通过简洁而强大的配置方式,提供了灵活的 URL 级别授权功能。新版本不再使用 WebSecurityConfigurerAdapter 类,而是直接定义一个 SecurityFilterChain Bean。这个 Bean 负责处理 HTTP 请求并执行相应的安全策略。在 filterChain 方法中,使用 HttpSecurity 对象来配置 URL 的访问控制。例如,只有拥有管理员权限的用户才可以访问/admin/**路径。具有 USER 权限的用户可以访问/user/**路径。配置示例代码如下:

```
http
        .authorizeHttpRequests(authorizeRequests ->
                authorizeRequests
.requestMatchers("/").permitAll()
.requestMatchers("/admin/**").hasRole("ADMIN")    // 仅 ADMIN 角色可访问
.requestMatchers("/user/**").hasRole("USER")      // 仅 USER 角色可访问
.anyRequest().authenticated()
        )
```

hasRole(String role)或 hasAnyRole(String... roles)方法的作用是要求用户具有指定的角色才能访问。

【例 8-3】 在 Spring Security 6 框架中,实现基于 URL 的细粒度授权策略,通过为特定角色配置相应的访问权限,确保角色驱动的访问控制机制得到有效执行。

(1) 创建 User 实体类。

新增 authorities 字段是一个集合,它存储了用户的权限(或角色)信息。示例代码如下:

```
import jakarta.persistence.*;
import lombok.AllArgsConstructor;
import lombok.Data;
import lombok.NoArgsConstructor;

import java.util.Set;

@Data
@AllArgsConstructor
```

```java
@NoArgsConstructor
@Entity
@Table(name = "users")
public class User {
    @Id
    @GeneratedValue(strategy = GenerationType.IDENTITY)
    private Long id;

    @Column(nullable = false, unique = true)
    private String username;

    @Column(nullable = false)
    private String password;

    @Column(nullable = false)
    private boolean enabled;

    @ElementCollection(fetch = FetchType.EAGER)
    @CollectionTable(name = "authorities", joinColumns = @JoinColumn(name = "user_id"))
    @Column(name = "authority")
    private Set<String> authorities;
}
```

(2) 创建 UserRepository 接口。

```java
import com.example.demo.entity.User;
import org.springframework.data.jpa.repository.JpaRepository;

public interface UserRepository extends JpaRepository<User, Long> {
    User findByUsername(String username);
}
```

(3) 实现自定义的 UserDetailsService 服务。

在 User 实体类中引入权限集合后，构建 UserDetails 实例时，必须将该实体的权限字符串集合映射为 SimpleGrantedAuthority 对象列表，以确保权限信息的准确表达。示例代码如下：

```java
import org.springframework.beans.factory.annotation.Autowired;
import org.springframework.security.core.userdetails.UserDetails;
import org.springframework.security.core.userdetails.UserDetailsService;
import org.springframework.security.core.userdetails.UsernameNotFoundException;
import org.springframework.stereotype.Service;
import org.springframework.security.core.authority.SimpleGrantedAuthority;

import java.util.stream.Collectors;

@Service
public class CustomUserDetailsService implements UserDetailsService {
    @Autowired
```

```java
    private UserRepository userRepository;

    @Override
    public UserDetails loadUserByUsername(String username) throws UsernameNotFoundException {
        User user = userRepository.findByUsername(username);
        if (user == null) {
            throw new UsernameNotFoundException("User not found");
        }
        return new org.springframework.security.core.userdetails.User(
                user.getUsername(),
                user.getPassword(),
                user.isEnabled(),
                true,
                true,
                true,
                user.getAuthorities().stream()
                        .map(SimpleGrantedAuthority::new)
                        .collect(Collectors.toList())
        );
    }
}
```

(4) 配置 Spring Security。

配置 URL 规则,只有 ADMIN 权限的用户可以访问/admin/ ** 路径。只有 USER 权限的用户可以访问/user/ ** 路径。示例代码如下:

```java
import org.springframework.context.annotation.Bean;
import org.springframework.context.annotation.Configuration;
import org.springframework.security.config.annotation.web.builders.HttpSecurity;
import org.springframework.security.config.annotation.web.configuration.EnableWebSecurity;
import org.springframework.security.crypto.bcrypt.BCryptPasswordEncoder;
import org.springframework.security.crypto.password.PasswordEncoder;
import org.springframework.security.web.SecurityFilterChain;

@Configuration
@EnableWebSecurity
public class SecurityConfig {

    @Bean
    public PasswordEncoder passwordEncoder() {
        return new BCryptPasswordEncoder();
    }



    @Bean
```

```java
public SecurityFilterChain securityFilterChain(HttpSecurity http) throws Exception {
    http
            .authorizeHttpRequests(authorizeRequests ->
                    authorizeRequests
                            .requestMatchers("/admin/**").hasRole("ADMIN")
                                                                            // 仅 ADMIN 角色可访问
                            .requestMatchers("/user/**").hasRole("USER")
                                                                            // 仅 USER 角色可访问
                            .anyRequest().authenticated()
            )
            .formLogin(formLogin ->
                    formLogin
                            .defaultSuccessUrl("/", true)
                            .permitAll()
            )
            .logout(logout -> logout.permitAll());

    return http.build();
}
```

（5）创建控制器。

定义 3 个 URL 端点：根端点 /，用户端点 /user，以及管理员端点 /admin。示例代码如下：

```java
import org.springframework.web.bind.annotation.GetMapping;
import org.springframework.web.bind.annotation.RestController;

@RestController
public class WebController {

    @GetMapping("/")
    public String home() {
        return "Hello, world!";
    }
    @GetMapping("/user")
    public String user() {
        return "Welcome to the user page!";
    }

    @GetMapping("/admin")
    public String admin() {
        return "Welcome to the admin page!";
    }
}
```

（6）测试。

为便于测试，实现一个启动配置类，在应用初始化时自动填充数据库，创建用户 user 并分配 USER 角色，创建用户 admin 并分配 ADMIN 角色。示例代码如下：

```java
import jakarta.annotation.PostConstruct;
import org.springframework.beans.factory.annotation.Autowired;
import org.springframework.context.annotation.Configuration;
import org.springframework.security.crypto.password.PasswordEncoder;

import java.util.Set;

@Configuration
public class DataInitializer {
    @Autowired
    private UserRepository userRepository;

    @Autowired
    private PasswordEncoder passwordEncoder;

    @PostConstruct
    public void init() {
        // Clear existing data
        if (userRepository.findByUsername("user") == null) {
            User user = new User();
            user.setUsername("user");
            user.setPassword(passwordEncoder.encode("password"));
            user.setEnabled(true);
            user.setAuthorities(Set.of("ROLE_USER"));
            userRepository.save(user);
        }

        if (userRepository.findByUsername("admin") == null) {
            User admin = new User();
            admin.setUsername("admin");
            admin.setPassword(passwordEncoder.encode("password"));
            admin.setEnabled(true);
            admin.setAuthorities(Set.of("ROLE_ADMIN"));
            userRepository.save(admin);
        }
    }
}
```

启动 Spring Boot 应用后,进行 Spring Security 授权功能的测试。使用用户 user 登录,可以顺利访问用户端点 http://localhost:8080/user,却无法访问管理员端点 http://localhost:8080/admin。反之,使用用户 admin 登录,将无法访问用户端点,但可以顺利访问管理员端点。

2. 方法级别的授权

Spring Security 提供了一种高级的授权特性,允许开发者基于用户的角色或权限来精细控制对特定服务或控制器方法的访问。这种细致的权限控制确保了只有拥有相应权限的用户才能执行敏感操作。实现方法级别的授权可以通过使用注解来简化,例如@PreAuthorize、@PostAuthorize 和@Secured,这些注解可以直接声明在方法上,明确定义访问该方法所需的权限条件。

(1) @PreAuthorize 注解。

@PreAuthorize 注解用于在方法执行之前进行访问控制检查。这个注解允许开发者定义一个 SpEL 表达式，该表达式会在方法调用之前评估，以确定当前的认证用户是否具有执行该方法所需的权限。

例如，@PreAuthorize("hasRole('ROLE_ADMIN')") 表示只有角色为 ROLE_ADMIN 的用户才能访问该方法。

```
@Service
public class UserService {

    @PreAuthorize("hasRole('ROLE_ADMIN')")
    public void deleteAllUsers() {
        // 删除所有用户的相关逻辑
    }

    @PreAuthorize("hasPermission(#userId, 'USER', 'DELETE')")
    public void deleteUser(Long userId) {
        // 根据用户 ID 删除用户的相关逻辑
    }
}
```

示例中，deleteAllUsers 方法通过 @PreAuthorize("hasRole('ROLE_ADMIN')") 注解限定，只有管理员角色的用户有权执行。而 deleteUser 方法则应用 SpEL 表达式 @PreAuthorize("hasPermission(#userId, 'USER', 'DELETE')") 进行更精细的权限验证，其中 #userId 作为方法参数，hasPermission 函数检查用户是否有权删除特定用户。这表明，通过结合 @PreAuthorize 注解和 SpEL 表达式，开发者能够实现对敏感操作的精准访问控制，保障只有授权用户能进行操作。

(2) @PostAuthorize 注解。

@PostAuthorize 注解用于在方法执行之后进行访问控制检查。与 @PreAuthorize 注解不同，@PostAuthorize 注解允许开发者定义一个 SpEL 表达式，该表达式在方法执行完成后评估，以确定是否允许方法的结果返回给调用者。

```
@Service
public class UserService {

    @PreAuthorize("isAuthenticated()")
    public User getUserProfile(@AuthenticationPrincipal User user) {
        // 获取当前登录用户的个人信息
        return userRepository.findById(user.getId()).orElseThrow(() -> new UserNotFoundException());
    }

    @PostAuthorize("returnObject.id == principal.id")
    public User getUserById(Long id) {
        // 获取指定 ID 的用户信息
        return userRepository.findById(id).orElseThrow(() -> new UserNotFoundException());
    }
}
```

在示例中,getUserProfile 方法利用@PreAuthorize("isAuthenticated()")进行前置权限检查,确保只有已认证用户能够访问其个人资料。另外,getUserById 方法通过 @PostAuthorize("returnObject.id == principal.id")实现后置权限验证,确保用户仅能访问与其认证 ID 匹配的用户信息。如果 ID 不匹配,将抛出异常,防止未授权访问。这种策略有效防止了数据泄露,适用于在操作完成后基于结果来决定访问权限的情况。

(3) @Secured 注解。

@Secured 注解提供了一种直接的方式来限制方法访问,通过接收角色名称的列表作为参数,从而指定哪些角色有权限执行该方法。尽管它是 Spring Security 早期版本中使用的功能,随着 Spring Security 4.x 的发布,更灵活的@PreAuthorize 和@PostAuthorize 注解被推荐使用。然而,@Secured 注解仍然被支持,为需要快速角色检查的场景提供了便利。

【例 8-4】 实现基于方法的授权,展示角色和权限的设置,并实现细致的基于角色的访问控制策略。

(1) 创建 User 实体类。

通过在 User 类中应用@OneToMany 注解与 Authority 类关联,实现了用户与多个权限的映射关系,便于为每个用户配置特定的角色和权限集合。

User 类示例代码如下:

```java
import jakarta.persistence.*;
import lombok.AllArgsConstructor;
import lombok.Data;
import lombok.EqualsAndHashCode;
import lombok.NoArgsConstructor;

import java.util.HashSet;
import java.util.Set;

@Data
@AllArgsConstructor
@NoArgsConstructor
@Entity
@Table(name = "users")
@EqualsAndHashCode(exclude = "authorities")
public class User {
    @Id
    @GeneratedValue(strategy = GenerationType.IDENTITY)
    private Long id;

    @Column(nullable = false, unique = true)
    private String username;

    @Column(nullable = false)
    private String password;

    @Column(nullable = false)
    private boolean enabled;
```

```java
    @OneToMany(cascade = CascadeType.ALL, fetch = FetchType.EAGER, mappedBy = "user")
    private Set<Authority> authorities = new HashSet<>();
}
```

Authority 类代码如下:

```java
import jakarta.persistence.*;
import lombok.AllArgsConstructor;
import lombok.Data;
import lombok.NoArgsConstructor;

@Data
@AllArgsConstructor
@NoArgsConstructor
@Entity
@Table(name = "authorities")
public class Authority {
    @Id
    @GeneratedValue(strategy = GenerationType.IDENTITY)
    private Long id;

    private String authority;

    @ManyToOne
    @JoinColumn(name = "user_id")
    private User user;

}
```

(2) UserRepository 和 AuthorityRepository 存储库接口。

UserRepository 接口代码如下:

```java
import org.springframework.data.jpa.repository.JpaRepository;
import org.springframework.stereotype.Repository;

@Repository
public interface UserRepository extends JpaRepository<User, Long> {
    User findByUsername(String username);
}
```

AuthorityRepository 接口代码如下:

```java
import org.springframework.data.jpa.repository.JpaRepository;
import org.springframework.stereotype.Repository;

@Repository
public interface AuthorityRepository extends JpaRepository<Authority, Long> {
}
```

(3) 配置 UserDetailsService 服务。

UserDetailsService 类与例 8-3 相似,代码如下:

```java
import org.springframework.beans.factory.annotation.Autowired;
import org.springframework.security.core.userdetails.UserDetails;
import org.springframework.security.core.userdetails.UserDetailsService;
import org.springframework.security.core.userdetails.UsernameNotFoundException;
import org.springframework.stereotype.Service;

@Service
public class CustomUserDetailsService implements UserDetailsService {

    @Autowired
    private UserRepository userRepository;

    @Override
    public UserDetails loadUserByUsername(String username) throws UsernameNotFoundException {
        User user = userRepository.findByUsername(username);
        if (user == null) {
            throw new UsernameNotFoundException("User not found");
        }



        return org.springframework.security.core.userdetails.User.builder()
                .username(user.getUsername())
                .password(user.getPassword())
                .authorities(user.getAuthorities().stream()
                        .map(authority -> authority.getAuthority())
                        .toArray(String[]::new))
                .accountExpired(false)
                .accountLocked(false)
                .credentialsExpired(false)
                .disabled(!user.isEnabled())
                .build();
    }
}
```

(4) 配置 Spring Security。

在配置类中,加入 @EnableGlobalMethodSecurity(prePostEnabled = true)注解以启用 Spring Security 的方法安全特性,允许使用@PreAuthorize 和@PostAuthorize 等注解进行细粒度的访问控制,代码如下:

```java
import org.springframework.context.annotation.Bean;

import org.springframework.context.annotation.Configuration;
import org.springframework.security.config.annotation.method.configuration.EnableGlobalMethodSecurity;
import org.springframework.security.config.annotation.web.builders.HttpSecurity;
import org.springframework.security.crypto.bcrypt.BCryptPasswordEncoder;
```

```java
import org.springframework.security.crypto.password.PasswordEncoder;
import org.springframework.security.web.SecurityFilterChain;

@Configuration
@EnableGlobalMethodSecurity(prePostEnabled = true)          // 启用方法级别的安全注解
public class SecurityConfig {

    @Bean
    public PasswordEncoder passwordEncoder() {
        return new BCryptPasswordEncoder();
    }


    @Bean
    public SecurityFilterChain securityFilterChain(HttpSecurity http) throws Exception {
        http
                .authorizeHttpRequests(auth -> auth
                        .requestMatchers("/h2-console/**").permitAll() // 允许访问 H2 控制台
                        .anyRequest().authenticated()
                )
                .formLogin(formLogin ->
                        formLogin
                                .defaultSuccessUrl("/", true)
                                .permitAll()
                )
                .logout(logout -> logout.permitAll());
        return http.build();
    }


}
```

(5) 服务类。

服务类实现基于角色的访问控制(RBAC),为不同的用户提供不同的服务或功能,增强了应用的安全性和用户体验,代码如下:

```java
import org.springframework.security.access.prepost.PreAuthorize;
import org.springframework.stereotype.Service;

@Service
public class MyService {

    @PreAuthorize("hasRole('ADMIN')")
    public String adminMethod() {
        return "Hello, Admin!";
    }

    @PreAuthorize("hasRole('USER')")
```

```java
    public String userMethod() {
        return "Hello, User!";
    }
}
```

该类中,adminMethod()方法规定只有具有 ADMIN 角色的用户才能访问,userMethod()方法限制只有具有 USER 角色的用户才可以调用。这确保了只有普通用户能够执行这个方法。通过这种方式,类中的方法根据用户的角色进行适当的权限控制,从而保障了系统的安全性和数据的合理访问。

(6) 控制器类。

代码如下:

```java
import org.springframework.beans.factory.annotation.Autowired;
import org.springframework.web.bind.annotation.GetMapping;
import org.springframework.web.bind.annotation.RestController;

@RestController
public class WebController {
    @Autowired
    private MyService myService;

    @GetMapping("/")
    public String home() {
        return "Hello,world";
    }

    @GetMapping("/admin")
    public String admin() {
        return myService.adminMethod();
    }

    @GetMapping("/user")
    public String user() {
        return myService.userMethod();
    }
}
```

(7) 测试。

为便于测试,实现一个启动配置类。该类在应用程序启动时自动向数据库中添加预定义的数据。具体来说,这个类将创建两个用户:一个是普通用户 user,赋予其 USER 角色;另一个是管理员用户 admin,赋予其 ADMIN 角色。示例代码如下:

```java
import jakarta.annotation.PostConstruct;
import org.springframework.beans.factory.annotation.Autowired;
import org.springframework.context.annotation.Configuration;
```

```java
import org.springframework.security.crypto.password.PasswordEncoder;

@Configuration
public class DataInitializer{

    @Autowired
    private UserRepository userRepository;

    @Autowired
    private PasswordEncoder passwordEncoder;

    @Autowired
    private AuthorityRepository authorityRepository;

    @PostConstruct
    public void init(){
        if (userRepository.count() == 0) {
            User user = new User();
            user.setUsername("user");
            user.setPassword(passwordEncoder.encode("password"));
            user.setEnabled(true);
            user = userRepository.save(user);              // 先保存用户

            Authority userAuthority = new Authority();
            userAuthority.setAuthority("ROLE_USER");
            userAuthority.setUser(user);
            authorityRepository.save(userAuthority);       // 再保存权限

            user.getAuthorities().add(userAuthority);      // 设置关联

            userRepository.save(user);                     // 更新用户以保存关联

            // 创建 Admin 角色的用户
            User admin = new User();
            admin.setUsername("admin");
            admin.setPassword(passwordEncoder.encode("password"));
            admin.setEnabled(true);
            admin = userRepository.save(admin);            // 先保存用户

            Authority adminAuthority = new Authority();
            adminAuthority.setAuthority("ROLE_ADMIN");
            adminAuthority.setUser(admin);
            authorityRepository.save(adminAuthority);      // 再保存权限

            admin.getAuthorities().add(adminAuthority);    // 设置关联

            userRepository.save(admin);                    // 更新用户以保存关联

            System.out.println("Users and authorities initialized.");
```

```
        }
      }
}
```

启动 Spring Boot 应用程序后,我们可以轻松测试基于角色的访问控制。只需访问以下 URL:通用的主页 http://localhost:8080/,普通用户专用页面 http://localhost:8080/user,以及管理员专属页面 http://localhost:8080/admin。利用两组凭证:普通用户凭证为 user/password,管理员凭证为 admin/password,即可体验 Spring Security 如何有效区分并授权不同角色的用户访问特定资源。

8.4 防护措施

8.4.1 CSRF 防护

CSRF(跨站请求伪造)是一种网络攻击手段,它通过利用用户在信任网站上的登录凭证,如 Cookie 和 Session,来发起未经授权的请求。这些请求可能包括执行敏感操作,如资金转账、密码修改或数据删除。为了有效防范 CSRF 攻击,可以采取多种策略,例如实施 Token 验证、检查请求来源以及加强 Cookie 安全性。

Spring Security 6 框架提供了一套全面的 CSRF 防护措施。它通过在每个请求中嵌入一个唯一的令牌来保护应用程序免受恶意攻击。这个令牌会在服务器端生成,并在用户提交表单或发起请求时一同发送到服务器。服务器会验证令牌的有效性,以确保请求是由合法用户发起的,而不是通过第三方网站伪造的。这样可以有效防止攻击者利用用户的身份在其不知情的情况下进行未经授权的操作。Spring Security 6 在默认情况下已经为大多数场景提供了合适的 CSRF 防护。开发者只需关注业务逻辑的实现,而不必深入理解 CSRF 防护的复杂性。

8.4.2 JWT

JSON Web Token(JWT)是一种开放标准(RFC 7519),用于安全地在双方之间传输信息。JWT 是一种用于身份验证和授权的轻量级、自包含的令牌格式。它允许在不同系统和服务之间以无状态的方式安全地传输用户身份和权限信息。与传统的会话机制相比,JWT 不需要在服务器端维护会话状态,从而提高了系统的可扩展性和性能。此外,JWT 的持久化特性使得用户能够在不同的设备和浏览器之间无缝共享访问令牌,增强了用户体验。

JWT 通过使用数字签名确保了令牌内容的完整性和真实性,防止了令牌在传输过程中被篡改。这种安全性保障使得 JWT 非常适合用于需要跨域或跨服务传输认证信息的场景。由于其紧凑和自包含的特性,JWT 在单页应用(SPA)、微服务架构和移动应用中得到了广泛应用,成为现代 Web 服务和应用程序中实现安全认证的首选技术。

1. JWT 的基本结构

JWT 由三部分组成,通过(.)符号连接。

(1) 头部。

头部(Head)描述 JWT 的元数据,如签名所用的算法(如 HMAC SHA256 或 RSA)。代码如下:

```
{
  "alg": "HS256",
  "typ": "JWT"
}
```

这部分信息会被 Base64Url 编码形成 JWT 的第一部分。

(2) 载荷。

载荷(Payload)包含了所谓的 Claims(声明),它们是关于实体(通常是用户)和其他数据的声明。常见的 Claims 包括发行者(iss)、过期时间(exp)、主题(sub,通常是用户 ID)等。代码如下:

```
{
  "iss": "https://example.com",
  "exp": 1609459200,
  "sub": "1234567890",
  "aud": "https://api.example.com",
  "nbf": 1609459000,
  "iat": 1609459200,
  "jti": "a-unique-identifier",
  "name": "John Doe",
  "admin": true
}
```

(3) 签名。

签名(Signature)用于验证消息在传输过程中未被篡改,并且,对于使用私钥签名的令牌,还可以验证发送者的身份。签名是使用 Header 中指定的算法和密钥生成的。

2. JWT 的工作流程

JWT 认证流程涉及以下 3 个关键步骤。

(1) 认证阶段。

用户向服务器提交登录凭证,通常是用户名和密码。服务器接收到凭证后,进行验证。如果凭证有效,服务器确认用户的身份。验证成功后,服务器生成一个 JWT。这个令牌包含了用户的身份信息,以及其他可能需要的声明,如用户的角色或权限级别。为了确保 JWT 的安全性和完整性,服务器使用一个密钥(可以是对称密钥或非对称加密中的私钥)对 JWT 进行签名。签名完成后,服务器将 JWT 发送回用户。用户随后可以在后续的请求中使用这个 JWT 来验证自己的身份。通过这种方式,JWT 提供了一种安全、高效且无状态的认证机制,允许用户在不同的设备和会话中保持认证状态,同时减少了服务器的存储需求和复杂性。

(2) 传输阶段。

在用户身份验证成功后,服务器生成并返回 JWT 给客户端。客户端接收到 JWT 后,可以选择将其存储在 Cookie、LocalStorage 或 SessionStorage 中。其中 Cookie 自动随 HTTP 请求发送,适合跟踪会话状态。LocalStorage 提供更大的存储空间,但不会随请求自动发送。SessionStorage 与 LocalStorage 类似,但仅在页面会话期间有效。

客户端在进行后续请求时,需要将存储的JWT附加到HTTP请求的Authorization头部中,通常采用以下格式:

```
Authorization: Bearer <token>
```

这里<token>是实际的JWT字符串,而Bearer是一个指定令牌类型的方案。

(3) 验证阶段。

服务器接收到带有JWT的请求后,会验证JWT的签名以确保其有效性,并解析JWT以获取用户的身份信息和权限,然后根据这些信息决定是否授权访问请求的资源。

JWT的优势在于其简洁性、可扩展性以及能够在分布式系统中轻松共享,但同时也需要注意保护好用于签名的密钥,并合理设置JWT的有效期,以避免安全风险。

【例8-5】 在Spring Security中集成JWT。

在Spring Security中集成JWT通常涉及以下步骤。

(1) 配置依赖。

在项目中集成Spring Security和JWT时,需要根据项目需求选择合适的依赖。对于Maven项目,如果需要支持OAuth 2.0协议的JWTBearerToken令牌验证,可以选择添加spring-security-oauth2-jose依赖,它为JWT处理提供了全面的编码和解码功能。然而,如果项目仅需要实现基础的JWT认证,并且希望避免OAuth 2.0的复杂性,使用jjwt库可能是一个更轻量级和直接的选择。jjwt库提供了简洁的API来生成和验证JWT,非常适合快速集成JWT功能。通过明智地选择依赖项,可以确保项目既满足功能需求,又保持代码的简洁性和效率。

添加jjwt库依赖,示例如下:

```xml
<dependency>
    <groupId>io.jsonwebtoken</groupId>
    <artifactId>jjwt</artifactId>
    <version>0.12.3</version> <!-- 请确保使用的是最新或适用的版本 -->
</dependency>
```

(2) 定义JWT配置。

创建一个类负责生成和验证JWT。需要实现生成JWT的方法(通常使用Jwts.builder()构建)和验证JWT的方法(使用Jwts.parser()解析并验证)。创建一个专门的工具类,用于简化JWT的生成和验证过程。这个类包括生成JWT的方法和验证JWT的方法。生成JWT使用Jwts.builder()方法来构建JWT。这个方法将接收必要的参数,如用户身份信息、过期时间等,并设置JWT的头部和负载。验证JWT使用Jwts.parser()来解析传入的JWT,并进行签名验证。这个方法将确保JWT未被篡改,并且签名有效。通过封装这些功能,该工具类提供了一个清晰和一致的接口,使得在应用程序中处理JWT变得更加方便和安全。

示例代码如下:

```java
import io.jsonwebtoken.Claims;
import io.jsonwebtoken.Jwts;
import io.jsonwebtoken.SignatureAlgorithm;
import org.springframework.stereotype.Component;

import java.security.SecureRandom;
```

```java
import java.util.Base64;
import java.util.Date;

@Component
public class JwtUtil {

    private String secret = keyGenerator();
    private long expirationTime = 1000 * 60 * 60 * 10;

    public String keyGenerator(){
        byte[] key = new byte[32]; // 256 bits
        new SecureRandom().nextBytes(key);
        String base64Key = Base64.getEncoder().encodeToString(key);
        return base64Key;
    }
    // 生成 JWT
    public String generateToken(String username) {
        return Jwts.builder()
                .setSubject(username)
                .setIssuedAt(new Date())
                .setExpiration(new Date(System.currentTimeMillis() + expirationTime))
                .signWith(SignatureAlgorithm.HS256, secret)
                .compact();
    }

    // 提取 Claims
    public Claims extractClaims(String token) {
        return Jwts.parser()
                .setSigningKey(secret)
                .build()
                .parseClaimsJws(token)
                .getBody();
    }

    // 验证 JWT
    public boolean validateToken(String token) {
        try {
            extractClaims(token);
            return true;
        } catch (Exception e) {
            return false;
        }
    }

    // 提取用户名
    public String extractUsername(String token) {
        return extractClaims(token).getSubject();
    }
}
```

这个类主要用于协助处理与 JWT 相关的任务,例如创建新的 JWT、检查其有效性以及从中提取用户信息。

(3) 配置 Spring Security。

创建一个配置类来定义安全规则。在安全策略中,添加自定义的 JWT 过滤器(如 JwtAuthenticationFilter),该过滤器负责从请求中提取 JWT,并进行验证,以确定用户是否有权访问请求的资源。设置特定的端点,允许用户通过 JWT 进行无状态登录。这意味着用户的认证信息将完全包含在 JWT 中,服务器无须维护会话状态。

示例代码如下:

```java
import org.springframework.beans.factory.annotation.Autowired;
import org.springframework.context.annotation.Bean;
import org.springframework.context.annotation.Configuration;
import org.springframework.security.authentication.AuthenticationManager;
import org.springframework.security.config.annotation.authentication.builders.AuthenticationManagerBuilder;
import org.springframework.security.config.annotation.web.builders.HttpSecurity;
import org.springframework.security.config.annotation.web.configuration.EnableWebSecurity;
import org.springframework.security.config.http.SessionCreationPolicy;
import org.springframework.security.web.SecurityFilterChain;

@Configuration
@EnableWebSecurity
public class SecurityConfig {

    @Autowired
    private JwtUtil jwtUtil;
    @Bean
    public SecurityFilterChain securityFilterChain(HttpSecurity http) throws Exception {
        AuthenticationManager authenticationManager = authenticationManager(http);
        http
                .csrf(csrf -> csrf.disable())           // 禁用 CSRF
                .authorizeHttpRequests((requests) -> requests
                        .requestMatchers("/api/auth/**").permitAll()
                        .anyRequest().authenticated()
                )
                .addFilter(new JwtAuthenticationFilter(authenticationManager, jwtUtil))
                .securityContext((securityContext) -> securityContext
                        .requireExplicitSave(false)     // 默认策略为自动保存
                )
                .sessionManagement((sessionManagement) -> sessionManagement
                        .sessionCreationPolicy(SessionCreationPolicy.STATELESS)
                );

        return http.build();
    }

    @Bean
    public AuthenticationManager authenticationManager(HttpSecurity http) throws Exception {
        return http.getSharedObject(AuthenticationManagerBuilder.class).build();
    }
}
```

(4) 创建过滤器。

创建一个名为 JwtAuthenticationFilter 的自定义过滤器，用于拦截进入的请求并从中提取 JWT 令牌。该过滤器利用 JwtUtil 工具类执行 JWT 的有效性验证。验证通过后，基于令牌中的信息构建一个 Authentication 对象，并将其设置到 Spring Security 的安全上下文中，从而实现用户的身份认证。

```java
import jakarta.servlet.FilterChain;
import jakarta.servlet.ServletException;
import jakarta.servlet.http.*;
import org.springframework.beans.factory.annotation.Autowired;
import org.springframework.security.authentication.AuthenticationManager;
import org.springframework.security.authentication.UsernamePasswordAuthenticationToken;
import org.springframework.security.core.context.SecurityContextHolder;
import org.springframework.security.web.authentication.www.BasicAuthenticationFilter;
import org.springframework.stereotype.Component;

import java.io.IOException;
import java.util.ArrayList;

@Component
public class JwtAuthenticationFilter extends BasicAuthenticationFilter {

    private JwtUtil jwtUtil;


    @Autowired
    public JwtAuthenticationFilter(AuthenticationManager authenticationManager, JwtUtil jwtUtil) {
        super(authenticationManager);
        this.jwtUtil = jwtUtil;
    }


    @Override
    protected void doFilterInternal(HttpServletRequest request,
                                    HttpServletResponse response,
                                    FilterChain chain) throws IOException, ServletException {
        String header = request.getHeader("Authorization");

        if (header == null || !header.startsWith("Bearer ")) {
            chain.doFilter(request, response);
            return;
        }

        String token = header.substring(7);
        System.out.println(token);
        if (jwtUtil.validateToken(token)) {
            String username = jwtUtil.extractUsername(token);
            UsernamePasswordAuthenticationToken authentication = new UsernamePasswordAuthenticationToken(username, null, new ArrayList<>());
            SecurityContextHolder.getContext().setAuthentication(authentication);
```

```
        }
        chain.doFilter(request, response);
    }
}
```

这个过滤器用于处理所有进入的请求,确保只有携带有效 JWT 的请求才能访问受保护的资源。如果 JWT 无效或缺失,请求将不会获得认证信息。

(5) 控制器。

创建一个认证控制器,其目的是处理用户的登录请求,并在认证成功后返回一个 JWT。

```java
import com.example.demo.util.JwtUtil;
import org.springframework.beans.factory.annotation.Autowired;
import org.springframework.web.bind.annotation.*;

@RestController
@RequestMapping("/api/auth")
public class AuthController {

    @Autowired
    private JwtUtil jwtUtil;

    @PostMapping("/login")
    public String login(@RequestParam String username, @RequestParam String password) {
        // 这里只是简单的示例,实际中应该验证用户名和密码
        if ("user".equals(username) && "password".equals(password)) {
            return jwtUtil.generateToken(username);
        } else {
            throw new RuntimeException("Invalid credentials");
        }
    }
}
```

另外,创建一个受保护的 API 控制器类,示例代码如下:

```java
import org.springframework.web.bind.annotation.GetMapping;
import org.springframework.web.bind.annotation.RequestMapping;
import org.springframework.web.bind.annotation.RestController;

@RestController
@RequestMapping("/api")
public class ApiController {

    @GetMapping("/hello")
    public String hello() {
        return "Hello, authenticated user!";
    }
}
```

启动 Spring Boot 应用程序后,使用 Postman 工具进行测试以验证用户认证和授权流程。首

先,向/api/auth/login 路径发送 POST 请求,提供用户名和密码以获取 JWT 令牌。认证成功后,复制响应中的 JWT 令牌。接着,构造一个 GET 请求到/api/hello,并将该 JWT 令牌作为 Authorization 头部的一部分,格式为 Bearer < your_jwt_token >。提交 GET 请求后,检查是否能够成功访问受保护的 API 端点,从而验证 JWT 的认证和授权机制是否正常工作。这个过程展示了在 Spring Security 6 和 JWT 集成下,用户如何通过 JWT 安全地访问受保护的资源。

8.5 综合应用:博客系统的安全设计

8.5.1 案例描述

设计一个面向初学者的博客项目安全体系,实现用户注册和登录流程。用户注册时输入用户名、密码和用户角色。其中用户角色包括普通用户(USER)和管理员(ADMIN)两种。注册成功之后,将信息安全存储到数据库中。登录时,系统验证用户凭据,成功验证通过之后,根据角色权限可以进行相关操作。

普通用户权限包括:

(1) 发布新博客文章(POST_CREATE)。

(2) 编辑自己发布的文章(POST_EDIT)。

(3) 删除自己发布的文章(POST_DELETE)。

管理员用户除了包括普通用户的所有权限外,还有:

(1) 编辑任何用户的文章(POST_EDIT)。

(2) 删除任何用户的文章(POST_DELETE)。

(3) 查看所有文章(VIEW_ALL_POSTS)。

8.5.2 案例实现

1. 定义实体类

实体类包括 User 类、Role 类和 Post 类。User 类代表系统中的用户实体,Role 类代表系统中定义的角色,Post 类代表博客文章的实体。

(1) User 类。

```java
import jakarta.persistence.*;
import lombok.AllArgsConstructor;
import lombok.Data;
import lombok.EqualsAndHashCode;
import lombok.NoArgsConstructor;

import java.util.HashSet;
import java.util.Set;

@Data
@AllArgsConstructor
```

```java
@NoArgsConstructor
@Entity
@Table(name = "users") // 使用非保留关键字的表名
@EqualsAndHashCode(exclude = "roles")
public class User {
    @Id
    @GeneratedValue(strategy = GenerationType.IDENTITY)
    private Long id;

    @Column(nullable = false, unique = true)
    private String username;

    @Column(nullable = false)
    private String password;

    @Column(nullable = false)
    private boolean enabled;

    @ManyToMany(fetch = FetchType.EAGER)
    @JoinTable(
            name = "user_roles",
            joinColumns = @JoinColumn(name = "user_id"),
            inverseJoinColumns = @JoinColumn(name = "role_id")
    )
    private Set<Role> roles;

}
```

(2) Role 类。

```java
import jakarta.persistence.*;
import lombok.AllArgsConstructor;
import lombok.Data;
import lombok.NoArgsConstructor;

import java.util.Set;

@Data
@AllArgsConstructor
@NoArgsConstructor
@Entity
@Table(name = "roles")
public class Role {
    @Id
    @GeneratedValue(strategy = GenerationType.IDENTITY)
    private Long id;

    @Column(nullable = false, unique = true)
    private String name;
```

```java
@ManyToMany(mappedBy = "roles", fetch = FetchType.EAGER)
private Set<User> users;
}
```

（3）Post 类。

```java
import jakarta.persistence.*;
import lombok.AllArgsConstructor;
import lombok.Data;
import lombok.NoArgsConstructor;

@Data
@AllArgsConstructor
@NoArgsConstructor
@Entity
public class Post {
    @Id
    @GeneratedValue(strategy = GenerationType.IDENTITY)
    private Long id;

    @Column(nullable = false)
    private String title;

    @Column(nullable = false, columnDefinition = "TEXT")
    private String content;

    @Column(nullable = false)
    private String author;
}
```

2. Repository 接口

Repository 接口是 3 个实体对应的 UserRepository 接口、RoleRepository 接口和 PostRepository 接口。

（1）UserRepository 接口。

```java
import org.springframework.data.jpa.repository.JpaRepository;

public interface UserRepository extends JpaRepository<User, Long> {
    User findByUsername(String username);
}
```

（2）RoleRepository 接口。

```java
import org.springframework.data.jpa.repository.JpaRepository;

public interface RoleRepository extends JpaRepository<Role, Long> {
    Role findByName(String name);
}
```

（3）PostRepository 接口。

```java
import org.springframework.data.jpa.repository.JpaRepository;

public interface PostRepository extends JpaRepository<Post, Long> {
}
```

3. 安全配置

```java
import org.springframework.beans.factory.annotation.Autowired;
import org.springframework.context.annotation.Bean;
import org.springframework.context.annotation.Configuration;
import org.springframework.security.config.annotation.method.configuration.EnableGlobalMethodSecurity;
import org.springframework.security.config.annotation.web.builders.HttpSecurity;
import org.springframework.security.core.authority.SimpleGrantedAuthority;
import org.springframework.security.core.userdetails.UserDetailsService;
import org.springframework.security.core.userdetails.UsernameNotFoundException;
import org.springframework.security.crypto.bcrypt.BCryptPasswordEncoder;
import org.springframework.security.crypto.password.PasswordEncoder;
import org.springframework.security.web.SecurityFilterChain;

import java.util.stream.Collectors;




@Configuration
@EnableGlobalMethodSecurity(prePostEnabled = true)    // 启用方法级别的安全注解
public class SecurityConfig {
    @Autowired
    private UserRepository userRepository;
    @Bean
    public UserDetailsService userDetailsService() {
        return username -> {
            User user = userRepository.findByUsername(username);
            if (user == null) {
                throw new UsernameNotFoundException("User not found");
            }

            return new org.springframework.security.core.userdetails.User(
                user.getUsername(),
                user.getPassword(),
                user.getRoles().stream()
                    .map(role -> new SimpleGrantedAuthority("ROLE_" + role.getName()))
                    .collect(Collectors.toList())
            );
        };
    }

    @Bean
    public PasswordEncoder passwordEncoder() {
        return new BCryptPasswordEncoder();
```

```java
}

@Bean
public SecurityFilterChain securityFilterChain(HttpSecurity http) throws Exception {
    http
            .csrf(csrf -> csrf.disable())                              // 禁用 CSRF
            .authorizeHttpRequests(auth -> auth
                    .requestMatchers("/h2-console/**").permitAll() // 允许访问 H2 控制台
                    .anyRequest().authenticated()
            )
            .formLogin(formLogin ->
                    formLogin
                            .defaultSuccessUrl("/api/posts", true)
                            .permitAll()
            )
            .logout(logout -> logout.permitAll());
    http.headers(headers -> headers.frameOptions(frameOptions -> frameOptions.sameOrigin()));
    return http.build();
}

}
```

需要注意的是，禁用 CSRF 是为了方便后面测试使用。

4. 控制器和 API

根据权限设计好 PostController 类。

```java
import org.springframework.beans.factory.annotation.Autowired;
import org.springframework.security.access.prepost.PreAuthorize;
import org.springframework.security.core.Authentication;
import org.springframework.web.bind.annotation.*;

import java.util.List;

@RestController
@RequestMapping("/api/posts")
public class PostController {

    @Autowired
    private PostRepository postRepository;

    @Autowired
    private PostSecurity postSecurity;

    @GetMapping
    @PreAuthorize("hasAuthority('ROLE_ADMIN')")
```

```java
    public List<Post> getAllPosts() {
        return postRepository.findAll();
    }

    @PostMapping
    @PreAuthorize("hasAuthority('ROLE_USER') or hasAuthority('ROLE_ADMIN')")
    public Post createPost(@RequestBody Post post, Authentication authentication) {
        post.setAuthor(authentication.getName());
        return postRepository.save(post);
    }

    @PutMapping("/{id}")
    @PreAuthorize("hasAuthority('ROLE_ADMIN') or (hasAuthority('ROLE_USER') and @postSecurity.isPostAuthor(#id, authentication))")
    public Post updatePost(@PathVariable Long id, @RequestBody Post updatedPost, Authentication authentication) {
        Post post = postRepository.findById(id)
                .orElseThrow(() -> new IllegalArgumentException("Post not found with id: " + id));
        if (!postSecurity.isPostAuthor(id, authentication)) {
            throw new IllegalArgumentException("You are not the author of this post");
        }
        post.setTitle(updatedPost.getTitle());
        post.setContent(updatedPost.getContent());
        return postRepository.save(post);
    }

    @DeleteMapping("/{id}")
    @PreAuthorize("hasAuthority('ROLE_ADMIN') or (hasAuthority('ROLE_USER') and @postSecurity.isPostAuthor(#id, authentication))")
    public String deletePost(@PathVariable Long id, Authentication authentication) {
        Post post = postRepository.findById(id)
                .orElseThrow(() -> new IllegalArgumentException("Post not found with id: " + id));
        if (!postSecurity.isPostAuthor(id, authentication)) {
            throw new IllegalArgumentException("You are not the author of this post");
        }
        postRepository.delete(post);
        return "Post deleted successfully";
    }
}
```

5. 初始化数据

在系统初始化阶段,将添加两个测试用户到数据库中,以便验证用户注册和权限控制功能的有效性。

```java
import org.springframework.boot.CommandLineRunner;
import org.springframework.context.annotation.Bean;
import org.springframework.context.annotation.Configuration;
import org.springframework.security.crypto.password.PasswordEncoder;
```

```java
import org.springframework.transaction.annotation.Transactional;

import java.util.HashSet;
import java.util.Set;

@Configuration
public class DataInitializer {

    @Bean
    @Transactional
    public CommandLineRunner initRolesAndUsers (RoleRepository roleRepository, UserRepository userRepository, PasswordEncoder passwordEncoder) {
        return args -> {
            if (roleRepository.findByName("USER") == null) {
                Role userRole = new Role();
                userRole.setName("USER");
                roleRepository.save(userRole);
            }

            if (roleRepository.findByName("ADMIN") == null) {
                Role adminRole = new Role();
                adminRole.setName("ADMIN");
                roleRepository.save(adminRole);
            }

            if (userRepository.findByUsername("user") == null) {
                User user = new User();
                user.setUsername("user");
                user.setPassword(passwordEncoder.encode("password"));

                Role userRole = roleRepository.findByName("USER");
                Set<Role> roles = new HashSet<>();
                roles.add(userRole);
                user.setRoles(roles);

                userRepository.save(user);
            }

            if (userRepository.findByUsername("admin") == null) {
                User admin = new User();
                admin.setUsername("admin");
                admin.setPassword(passwordEncoder.encode("password"));

                Role adminRole = roleRepository.findByName("ADMIN");
                Set<Role> roles = new HashSet<>();
                roles.add(adminRole);
                admin.setRoles(roles);

                userRepository.save(admin);
```

```
            }
        };
    }
}
```

6. 测试

启动 Spring Boot 应用程序后，使用 Postman 工具进行 API 测试以验证系统功能。

（1）登录测试。

设置请求类型为 POST，将 URL 设置为 http://localhost:8080/login。在请求体中选择 form-data 格式，并添加以下字段：

key: username, value:admin
key: password, value: password

然后，单击 Send 按钮发送请求。成功登录后，应收到包含 JSESSIONID 的 Set-Cookie 头，Postman 将自动保存此会话 Cookie。

（2）新增博客测试。

设置 Postman 请求类型为 POST。将 URL 设置为 http://localhost:8080/api/posts。在请求体中选择"raw"格式，并选择"JSON"作为数据格式。输入以下 JSON 示例作为请求体：

```
{
  "title": "x",
  "content": "通过 AI 工具学习是个好办法",
  "author": "1"
}
```

然后单击 Send 按钮发送请求。如果操作成功，应收到新创建帖子的详细信息。

登录测试后，可以进行权限测试，验证不同用户角色的访问控制。使用管理员账号 admin 登录时，应能执行创建、编辑帖子以及查看所有帖子的操作。而普通用户 user 仅能创建和编辑自己的帖子，没有查看所有帖子的权限。这一系列测试确保了我们的认证和授权机制按预期工作，保障了系统的安全性和数据的合理访问。

8.5.3 案例总结

在本案例中，使用 Spring Security 实现了一个博客应用的安全配置，包括用户注册、登录和帖子管理功能。用户可以通过 API 注册账户，使用默认的 Spring Security 登录页面进行身份验证，并根据角色（USER 或 ADMIN）管理帖子。

通过案例可知，Spring Security 是一个强大且灵活的安全框架，用于保护 Spring 应用程序。它涵盖了从认证和授权到密码加密、会话管理以及 CSRF 防护等多个安全领域。框架的灵活性允许开发者通过配置和注解来设定细粒度的安全规则，并根据需要扩展或自定义认证与授权流程，确保应用程序能够满足特定的安全标准和业务需求。

为了进一步加深对 Spring Security 的理解，读者可以探索其多样的认证机制，如 OAuth2 和 JWT，以及高级授权控制策略，如基于表达式的访问控制和属性驱动的权限管理。这些高级特性能够为应用程序提供更精细的安全控制。

习题 8

1. Spring Security 中处理 HTTP 基本认证的过滤器是（　　）。
   A. BasicAuthenticationFilter　　　　　B. FormLoginFilter
   C. RememberMeAuthenticationFilter　　D. AnonymousAuthenticationFilter
2. Spring Security 用于定义访问控制规则的是（　　）。
   A. http.authorizeRequests()　　　　　B. http.formLogin()
   C. http.logout()　　　　　　　　　　D. http.csrf().disable()
3. 以下接口用于自定义用户信息存储和验证的是（　　）。
   A. UserDetailsService　　　　　　　　B. AuthenticationProvider
   C. UserDetailsServiceBean　　　　　　D. PasswordEncoder
4. 在 Spring Security 6 中用于配置 HTTP 安全性的类是（　　）。
   A. WebSecurityConfigurerAdapter　　　B. HttpSecurity
   C. SecurityFilterChain　　　　　　　　D. SecurityConfig
5. 将综合案例的权限控制方法采用基于 URL 的权限控制，以根据用户角色限制对特定请求的访问。

视频讲解

第9章 利用AI工具学习Spring Boot

随着人工智能技术的进步，AI工具，如 ChatGPT，已经成为能够理解和回应自然语言的先进模型，为开发者带来了全新的交互体验。本章将向读者展示如何高效地利用 AI 来加速 Spring Boot 的学习过程，并深入探讨这些工具在实际应用和开发策略中的应用。同时，本章还将展望 AI 在教育和开发领域的潜在影响，帮助读者通过这种创新的学习方法，更深入地理解 Spring Boot 的知识和技能，从而在软件开发领域提升自己的竞争力。

9.1 AI 工具简介

9.1.1 ChatGPT 介绍

ChatGPT 是由 OpenAI 开发的一款先进的自然语言处理模型，它基于深度学习技术，擅长理解和生成自然语言文本。GPT 全称为"生成式预训练转换器"（Generative Pre-trained Transformer），是一个先进的语言处理模型系列。ChatGPT 则是该系列中特别为对话交互而优化的版本，专为提升交流的自然度和流畅性而设计。该模型采用 Transformer 架构，利用海量的预训练数据和自监督学习方法进行训练，这使得 ChatGPT 在生成对话内容时展现出了卓越的能力。

ChatGPT 适用于多种对话情境，如问题解答和提供建议。它具备理解上下文和生成连贯、相关回复的强大力量。得益于这样的能力，ChatGPT 已被广泛应用到各个行业，如客户服务、教育和医疗保健，展示了其在这些领域的广泛潜力。

在学习 Spring Boot 的旅程中，ChatGPT 充当着一位高效的学习助手。它能够迅速回应 Spring Boot 相关的疑问，提供精选的学习材料，并有能力生成实用的示例代码，帮助学习者更快地掌握核心概念。ChatGPT 的互动式学习支持为每位学习者提供了个性化的学习体验，有效提高了学习效率和成果。

9.1.2 GitHub Copilot 介绍

GitHub Copilot 是由微软和 OpenAI 联合开发的人工智能编程助手,它基于 OpenAI 的 Codex 模型。这个模型在 GPT-3 模型的基础上进一步训练优化,专注于提升对编程语言和代码上下文的深入理解。

GitHub Copilot 的显著特征在于其强大的上下文感知。它能学习和理解开发者的工作流程,深入分析代码历史,并适应个人的编码风格,提供与项目需求高度契合的代码建议。无论是在定义变量、实现功能复杂的函数,还是构建完整的类或模块,Copilot 都能提供实时且精确的智能代码补全服务。对于正在探索新编程语言和框架的开发者,Copilot 是一个宝贵的辅助工具,它能够根据自然语言的描述生成代码片段,助力开发者更高效地学习并掌握编程技能。

开发者能够轻松在 Visual Studio Code、Visual Studio 以及 JetBrains IDEs(如 IntelliJ IDEA 和 PyCharm)等主流集成开发环境中集成 Copilot,从而获得智能编程体验。GitHub Copilot 为个人用户提供了灵活的商业订阅选项,包括每月 10 美元或每年 100 美元的计费方案。特别值得一提的是,学生用户有机会获得特别优惠,甚至免费使用该服务,具体细节需根据 GitHub 的最新政策而定。

9.1.3 通义灵码介绍

通义灵码(TONGYI Lingma)是由阿里云技术团队精心打造的智能编码辅助工具,它集成了最前沿的人工智能技术,专为提升软件开发者的编程效率与质量而设计。它通过深度学习海量的优质代码库和文档,能够准确把握开发者的需求,并在多种编程语言和框架中提供实时高效的代码补全、函数生成、单元测试构建和代码注释生成等功能。

通义灵码不仅支持行级和函数级的代码续写,还能基于项目上下文和开发者的编码习惯,智能地提出优化建议。这些功能帮助开发者快速实现功能,减少编码错误,并显著提升代码的可读性和维护性。

通义灵码特别优化了对中文环境的支持,为中文开发者提供流畅的自然语言交互体验。无论是技术问题的查询、特定功能代码段的生成,还是代码的解释,通义灵码都能提供迅速的响应。它与 Visual Studio Code、JetBrains 系列等主流开发环境的无缝集成,让开发者在熟悉的工作空间中即刻享受到 AI 技术的便利。另外,通义灵码还提供了免费的使用选项,这对于个人开发者和小团队来说,是一个有效降低开发成本的优选工具。

这些 AI 辅助工具,各有千秋,使用的时候可以尝试不同 AI 工具应用于不同场景。本书将通义灵码和 ChatGPT 作为主要的 AI 辅助工具,向读者展示如何利用 AI 技术来加速 Spring Boot 的学习过程。

9.2 AI 工具辅助学习 Spring Boot

9.2.1 安装通义灵码

通义灵码作为一个智能编码助手,在 IntelliJ IDEA(确保开发环境是最新的稳定版本)中的安装步骤如下。

（1）顶部菜单选择 File→Settingt 选项，弹出设置对话框。在左侧导航栏中选择 Plugins 选项，打开应用市场，如图 9-1 所示。搜索通义灵码（TONGYI Lingma），找到通义灵码后单击 Install 按钮安装。

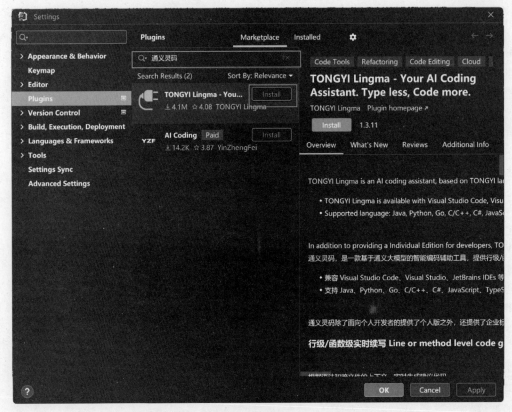

图 9-1　应用市场

（2）安装成功之后，重启 IntelliJ IDEA，重启成功后使用阿里云账号登录，即可开始智能编码体验。

9.2.2　使用通义灵码编程助手

成功安装好通义灵码后，通过通义灵码学习 Spring Boot，可以充分利用其智能辅助功能来加速学习进程。目前据权威数据统计，代码编写及信息检索是使用 AIGC 最高频的场景。

1. 信息检索

最常用的功能就是用自然语言去询问软件开发中的常见问题，如生成代码、编写代码注释、解释代码含义以及创建测试用例。在传统的开发流程中，当遇到问题时，开发者往往需要在网上搜索相关信息，然后逐一验证，不断重复这个过程，直至问题得以解决，这个过程非常耗时，影响开发效率和体验。借助 AI 助手，就如同拥有一个具备互联网知识库且经验丰富的小助手，能迅速获取问题的答案，从而实现更高效、流畅的沉浸式编程体验。

在使用 AI 助手时，掌握提示词（prompt）非常重要。它是与 AI 互动的方式，直接影响 AI 给出的反馈质量和有效性。好的 prompt 能够准确表达你的需求,使 AI 更好地理解你在寻找什么。对于初学者来说,开始时可能不太熟悉如何构建有效的 prompt,但随着经验积累,会逐渐掌握这一技巧。

常用的构建好的 prompt 的技巧如下。

(1) 明确目标和提供背景信息。明确告诉 AI 希望获得什么样的信息或帮助。如果问题或需求与特定的情境或背景相关,确保提供足够的信息,以便 AI 能够理解并给出合适的回答。例如,我是一个刚刚接触 Spring Boot 的初学者,现在需要实现一个功能,即当用户输入博客文章的 ID 时,系统能够查询数据库并返回该文章的信息。

(2) 提供具体的细节和期望的结果。提供具体的代码片段,特别是那些出现问题的部分。然后描述期望得到的结果或输出。

例如,正在使用 Spring Boot 开发一个博客系统,并遇到了一个问题。当用户输入文章 ID 时,系统能够查询数据库并返回该文章的信息。但在运行时遇到了 NullPointerException 异常,如何解决这个 NullPointerException 异常?这样的 prompt 有助于 AI 更准确地理解问题并给出有效的解答。

具体的代码示例为:

```
@RestController
@RequestMapping("/posts")
public class PostController {

    @Autowired
    private PostService postService;

    @GetMapping("/{id}")
    public ResponseEntity< Post > getPostById(@PathVariable Long id) {
        // 可能导致 NullPointerException 的部分
        Post post = postService.findById(id);
        return new ResponseEntity<>(post, HttpStatus.OK);
    }
}
```

(3) 交互式学习。利用 AI 即时反馈特性,可以根据初次回复继续提问或要求更多细节,直到完全理解。如果第一次的回答不够清楚,不妨尝试换个问法或请求更详细的解释。

例如,正在学习如何在 Spring Boot 中实现自定义异常处理,并且初步询问如何处理全局异常。

初次提问的内容:"如何在 Spring Boot 中实现全局异常处理?"

AI 的初次回答:"在 Spring Boot 中,可以使用@ControllerAdvice 和@ExceptionHandler 注解来实现全局异常处理。@ControllerAdvice 类负责捕捉控制器层的异常,@ExceptionHandler 注解则用于指定具体的异常处理方法。"

继续提问:"能否举个例子,展示如何处理 ResourceNotFoundException 并返回自定义的错误响应?"

AI 的回答:"当然,可以在 Spring Boot 项目中创建一个自定义异常处理器类来处理 ResourceNotFoundException,代码如下:

```java
@ResponseStatus(HttpStatus.NOT_FOUND)
public class ResourceNotFoundException extends RuntimeException {
    public ResourceNotFoundException(String message) {
        super(message);
    }
}

@ControllerAdvice
public class GlobalExceptionHandler {

    @ExceptionHandler(ResourceNotFoundException.class)
    public ResponseEntity<String> handleResourceNotFoundException(ResourceNotFoundException ex) {
        return new ResponseEntity<>(ex.getMessage(), HttpStatus.NOT_FOUND);
    }
}"
```

这个例子展示了如何创建一个自定义异常 ResourceNotFoundException，并在全局异常处理器中处理它，返回 404 状态码和异常消息。

进一步提问："如果想返回一个包含错误代码和详细信息的 JSON 响应，而不仅仅是字符串，该如何修改这个代码？"

AI 回答："可以修改 handleResourceNotFoundException 方法，使其返回一个包含错误代码和详细信息的 JSON 响应。可以定义一个错误响应对象并返回它：

```java
public class ErrorResponse {
    private int statusCode;
    private String message;
    private long timestamp;

    // 构造函数、getter 和 setter 方法
}

@ControllerAdvice
public class GlobalExceptionHandler {

    @ExceptionHandler(ResourceNotFoundException.class)
    public ResponseEntity<ErrorResponse> handleResourceNotFoundException(ResourceNotFoundException ex) {
        ErrorResponse errorResponse = new ErrorResponse(
            HttpStatus.NOT_FOUND.value(),
            ex.getMessage(),
            System.currentTimeMillis()
        );
        return new ResponseEntity<>(errorResponse, HttpStatus.NOT_FOUND);
    }
}"
```

通过分步骤的提问和深入的分析，用户可以逐步深入理解 Spring Boot 中全局异常处理的实现。AI 的优势在于其能够根据用户的提问和反馈，提供个性化的指导和上下文相关的解答。这种交互式学习过程不仅帮助用户掌握概念，还引导他们学会具体的实现技巧。与传统的信息检索技术相比，AI 能够更有效地处理问题上下文，使用户能够更加高效地学习和应用知识。

2. 代码编写

在代码编写方面，通义灵码等智能编码助手提供了多种功能来提升开发效率和代码质量。

(1) 实时代码补全。提供基于上下文的智能代码补全，包括函数、变量和类名，以加快编码速度。

(2) 代码生成。根据自然语言描述自动生成代码块，如类、函数、接口实现等，减少手动编码工作。

(3) 代码审查与优化。智能识别代码问题，提出改进建议，优化代码结构、性能和可读性。

(4) 注释生成。自动生成方法和行间注释，提升代码的可读性和注释覆盖率。

(5) 单元测试。根据代码结构，自动生成单元测试框架如JUnit、Mockito等的测试用例，确保代码的测试覆盖率。

(6) 代码解释。对不熟悉的代码段提供功能和逻辑解释，加深开发者理解。异常报错排查。

(7) 异常错误排查。在遇到错误或警告时，提供原因分析和解决方案，加速问题解决。

(8) 版本控制集成。与Git等版本控制系统集成，辅助代码审查和提交信息生成。

通过上述功能，智能编码助手与现有的开发工具和流程无缝对接，提供一致的用户体验。减少重复性工作，帮助开发者提升工作效率。

【例 9-1】 利用 AI 助手在 PostService 类的基础上，添加一个更新帖子的方法 updatePost。

要创建用于更新帖子的方法到 PostService 类中，可以使用 prompt："请在 PostService 类中添加一个 updatePost 方法来更新一个现有的帖子。这个方法应该接收帖子 ID 和更新后的帖子数据作为参数。它应该通过其 ID 找到帖子，用新数据更新其字段，并将更改保存到数据库中。确保在尝试更新之前检查帖子是否存在，并在帖子未找到时返回适当的响应。"

通义灵码的智能编码能力编写的示例代码如下：

```java
public Post updatePost(Long postId, Post updatedPost) {
    // 检查帖子是否存在
    Post existingPost = postRepository.findById(postId)
            .orElseThrow(() -> new NoSuchElementException("No post found with ID: " + postId));

    // 更新帖子的内容
    existingPost.setTitle(updatedPost.getTitle());
    existingPost.setContent(updatedPost.getContent());

    // 保存更新后的帖子并返回
    return postRepository.save(existingPost);
}
```

这个方法首先通过 postId 查找存在的帖子，如果找不到则抛出异常。接着，将 updatedPost 对象中的标题和内容复制到找到的帖子对象中，然后保存更新后的帖子并返回。

在 PostController 类中，也需要创建一个对应的 HTTP 端点来处理帖子的更新操作。可以使用 prompt："请在 PostController 类中添加一个处理帖子更新的 HTTP 端点。这个端点应该接收 PUT 请求，并包含帖子 ID 和更新后的帖子数据作为参数。该端点会调用 PostService 类中的 updatePost 方法来执行更新操作，并根据更新结果返回相应的 HTTP 响应。如果帖子不存在，应该返回 404 错误。"

通义灵码根据 prompt 编写的示例代码如下：

```java
/**
 * 更新指定 ID 的帖子
 * @param postId 帖子 ID
 * @param updatedPost 包含更新信息的帖子对象
 * @return 更新后的帖子对象
 * @throws NoSuchElementException 当帖子不存在时抛出异常
 */
@PutMapping("/{postId}")
public ResponseEntity<Post> updatePost(@PathVariable Long postId, @RequestBody Post updatedPost) {
    Post updated = postService.updatePost(postId, updatedPost);
    return ResponseEntity.ok(updated);
}
```

设计好代码之后，还可以通过通义灵码完成 PostService 类 updatePost 方法的单元测试。可以使用 prompt："请为 PostService 类的 updatePost 方法设计单元测试。测试内容应包括：

(1) 当帖子存在时，验证 updatePost 方法是否正确更新了帖子并保存到数据库。

(2) 当帖子不存在时，验证是否抛出或返回合适的异常或错误信息。

(3) 模拟不同的输入数据情况，如部分字段为空或不合法，确保方法能够正确处理并返回相应的响应。"

通义灵码根据 prompt 编写的示例代码如下：

```java
@Test
void testUpdatePost_success() {
    // 设置模拟行为
    Long postId = 1L;
    Post existingPost = new Post();
    existingPost.setId(postId);
    Post updatedPost = new Post();
    updatedPost.setTitle("Updated Title");
    updatedPost.setContent("Updated Content");

    // 确保 findById 返回预期的现有帖子
    when(postRepository.findById(postId)).thenReturn(Optional.of(existingPost));

    // 执行更新帖子的操作
    Post savedPost = postService.updatePost(postId, updatedPost);

    // 验证方法调用
    verify(postRepository, times(1)).findById(postId);
    // 因为 save 方法的返回值在真实情况下会被直接使用，理论上不需要单独验证 save 的调用次数，但为了完整性，这里依然保持原样。实际情况中 save 的调用是隐含在 updatePost 方法内的

    // 验证更新后的帖子属性
    assertNotNull(savedPost, "The saved post should not be null.");
```

```
        assertEquals(existingPost.getId(), savedPost.getId(), "Post ID should remain the same after update.");
        assertEquals(updatedPost.getTitle(), savedPost.getTitle(), "Title should be updated.");
        assertEquals(updatedPost.getContent(), savedPost.getContent(), "Content should be updated.");
}
```

测试发现 testUpdatePost_success 方法没有通过,给出的提示信息为:

org.opentest4j.AssertionFailedError: The saved post should not be null. ==> expected: not <null>

根据信息,可以使用 prompt:"在测试 PostService 类的 updatePost 方法时,testUpdatePost_success 方法测试未通过,提示信息为 org.opentest4j.AssertionFailedError:The saved post should not be null. ==> expected:not <null>。请帮助分析可能的原因,并提供修正后的代码示例以及详细解释。"

通义灵码根据 prompt 给出以下解决方案:

通过添加 when(postRepository.save(any(Post.class))).thenAnswer(invocation -> invocation.getArgument(0));来模拟 save 方法,使其返回传入的帖子对象。

调整后的测试用例为:

```
@Test
void testUpdatePost_success() {
    // 设置模拟行为
    Long postId = 1L;
    Post existingPost = new Post();
    existingPost.setId(postId);
    Post updatedPost = new Post();
    updatedPost.setTitle("Updated Title");
    updatedPost.setContent("Updated Content");

    // 确保 findById 返回预期的现有帖子
    when(postRepository.findById(postId)).thenReturn(Optional.of(existingPost));
    // 确保 save 方法返回传入的帖子对象
    when(postRepository.save(any(Post.class))).thenAnswer(invocation -> invocation.getArgument(0));

    // 执行更新帖子的操作
    Post savedPost = postService.updatePost(postId, updatedPost);

    // 验证方法调用
    verify(postRepository, times(1)).findById(postId);
    verify(postRepository, times(1)).save(any(Post.class));

    // 验证更新后的帖子属性
    assertNotNull(savedPost, "The saved post should not be null.");
    assertEquals(existingPost.getId(), savedPost.getId(), "Post ID should remain the same after update.");
    assertEquals(updatedPost.getTitle(), savedPost.getTitle(), "Title should be updated.");
    assertEquals(updatedPost.getContent(), savedPost.getContent(), "Content should be updated.");
}
```

通过上述示例，可以清晰地看到，利用ChatGPT、通用的AI编程助手等智能工具，可以显著提高编程工作的效率和代码的质量。这些工具能够迅速地识别代码问题，提供准确的诊断和全面的解决方案，以及实用的改进建议，有效缩短了调试周期。同时，AI工具还能提供行业最佳实践和代码范例，助力开发者快速学习新技术和编程技巧，从而提高开发工作的效率和精准度。

9.2.3 使用AI工具的建议

智能编码助手，如通义灵码和ChatGPT，通过提供即时的编程指导和代码示例，极大地丰富了编程学习者的资源库。这些工具不仅能够根据用户的具体需求生成代码，还能够解释编程概念，从而帮助用户更深入地理解编程语言的工作原理。然而，它们的有效性在很大程度上取决于用户的使用方式。

AI工具的设计是为了辅助而非替代人类的思考过程。它们能够根据用户提供的prompt来生成响应，但这些响应的质量往往取决于prompt的精确性和清晰度。用户的沟通能力和逻辑推理能力对于最大化AI工具的效用非常重要。一个能够清晰表达自己需求和预期结果的用户，更有可能从AI工具中获得有用的反馈。

智能编码助手的使用是一个不断学习和适应的过程。在这个过程中，用户通过与AI的深入互动，不仅获得了编程问题的答案，更重要的是，他们的思维能力和解决问题的技巧得到了显著提升。用户被鼓励去理解AI生成的代码背后的工作原理，探究为什么某些方法在特定情况下更为有效。通过问"为什么这样做"而非仅仅停留在"如何做"，用户能够更深入地理解编程的深层逻辑，例如，分析为何某种算法更优，或者特定配置如何提升性能。这种探究精神有助于用户建立坚实的编程基础，并培养独立解决问题的能力。

在与AI工具的互动中，用户逐渐学会了如何高效地使用这些工具，并在此过程中培养了批判性思维，这有助于他们评估和优化AI提供的解决方案。智能编码助手是编程学习者的得力助手，但其最大效用的实现，依赖于用户不断地学习、适应，并发展出更高层次的沟通、逻辑和批判性思维能力。

Spring Boot以其"简化配置"和"快速开发"著称，但它的特性和功能却丰富多样，学习过程中会感到内容繁多。使用AI技术就能更好应对挑战，在AI的辅助下，学习者可以根据自己的需求，筛选并专注于最相关的模块，同时设计出一条定制化的学习路线，以提高学习效率和针对性。本书精选了Spring Boot的常用模块，为每个模块提供了深入学习的扩展空间，鼓励读者借助AI技术，灵活地探索和深化自己感兴趣的领域。

在编程实践中，AI工具以其快速的问题解决能力，成为用户的强大助手，特别是在Spring Boot应用遇到错误时，AI能够提供及时的调试建议。这种即时反馈对于初学者的自学过程极为宝贵，它实现了一种沉浸式的学习体验，有效解决了传统编程学习中问题解决迟缓的困境，为学习者带来了愉悦且富有成效的学习旅程。

简而言之，AI助手是强大的工具，但它应作为读者开发工具箱中的一个组成部分，而非替代个人思考和专业判断的全能解决方案。通过有效利用并持续优化的使用方式，可以最大程度地发挥其潜力，提高开发效率和质量。

9.3 综合案例：利用 AI 助手完成博客系统设计

9.3.1 案例描述

利用通义灵码等 AI 工具辅助完成博客项目中增加评论的功能，并完成单元测试。

9.3.2 案例实现

要在现有的简单博客系统中增加评论功能，利用通义灵码等 AI 工具辅助，可以遵循以下步骤进行规划和实施。

1. 设计数据库模型

博客文章表(Posts)：已存在，包含 id、title、content、author、created_at 等字段。

为了利用 AI 设计一个与博客文章表关联的评论表(Comments)，可以构建一个明确而具体的 prompt："有一个现有的博客文章表(Posts)，包含字段 id、title、content、author、created_at。请帮助设计一个评论表(Comments)，该表用于存储每篇博客文章的评论信息。评论表应包含评论的唯一标识符、评论内容、评论者、评论时间，以及与博客文章的关联。请提供详细的字段和数据类型设计。"

2. 创建 Comment 和 Post 实体类

使用通义灵码生成 Comment 实体类，可以使用 prompt："请生成一个用于博客项目的 Comment 实体类。这个实体类应该包含以下字段：评论的唯一标识符(id)、评论内容(content)、评论者名称(author)、评论时间(createdAt)，以及与博客文章表(Post)之间的关联(post)。请使用 Java 语言并基于 Spring Boot 的 JPA 框架，确保适当配置字段的映射和关联关系。"

通义灵码生成的代码如下：

```java
import jakarta.persistence.*;
import lombok.AllArgsConstructor;
import lombok.Data;
import lombok.NoArgsConstructor;

import java.time.LocalDateTime;
@Data
@AllArgsConstructor
@NoArgsConstructor
@Entity
public class Comment {
    @Id
    @GeneratedValue(strategy = GenerationType.IDENTITY)
    private Long id;

    @ManyToOne(fetch = FetchType.LAZY)
    @JoinColumn(name = "post_id")
```

```java
    private Post post;

    @Column(nullable = false)
    private String content;

    @Column(name = "commented_date", nullable = false)
    private LocalDateTime commented_date;
}
```

对应的 Post 类也应进行相应修改,需要在 Post 类中添加一个 List<Comment>字段来表示一篇文章可以有多个评论,使用通义灵码修改后的 Post 实体类,prompt 为:"请帮助修改现有的 Post 实体类,添加一个 List<Comment>字段以表示一篇文章可以有多个评论。请使用 Java 语言并基于 Spring Boot 的 JPA 框架,确保字段映射正确,并使用@OneToMany 注解进行配置。"

通义灵码生成代码如下:

```java
import jakarta.persistence.*;
    import lombok.AllArgsConstructor;
    import lombok.Data;
    import lombok.NoArgsConstructor;
    import java.time.LocalDateTime;

@Data
@AllArgsConstructor
@NoArgsConstructor
@Entity
public class Post {

    @Id
    @GeneratedValue(strategy = GenerationType.IDENTITY)
    private Long id;

    @Column(nullable = false)
    private String title;                    // 添加标题字段

    @Column(nullable = false)
    private String content;

    @Column(nullable = false)
    private String author;

    @OneToMany(mappedBy = "post", cascade = CascadeType.ALL, orphanRemoval = true)
    private List<Comment> comments;          // 添加评论列表字段

    @Column(nullable = false)
    private LocalDateTime published_date;    // 如果还没有,添加发布日期字段

    // 构造函数、getter 和 setter
    // ...
}
```

3. Repository 接口

利用通义灵码生成 CommentRepository 接口，继承自 JpaRepository，以支持 CRUD 操作。prompt 为："请帮助创建一个 CommentRepository 接口，用于管理 Comment 实体类的数据库操作。这个接口应该继承 Spring Data JPA 的 JpaRepository 接口，并包含常用的查询方法。另外请添加根据博客文章 ID 查找所有评论的自定义查询方法。"

通义灵码生成的代码如下：

```java
public interface CommentRepository extends JpaRepository<Comment, Long> {
    List<Comment> findByPostId(Long postId);
}
```

4. Service 层逻辑

prompt 为："请帮助创建一个 CommentService 类，用于管理博客项目中的评论功能。这个服务类应该包括创建、更新和删除评论的业务逻辑。请确保使用 Java 语言，并基于 Spring Boot 框架。服务类应该依赖 CommentRepository 进行数据库操作，同时提供根据博客文章 ID 获取所有相关评论的方法。请提供完整的类实现。"

利用通义灵码生成 CommentService 类的具体代码如下：

```java
import org.springframework.beans.factory.annotation.Autowired;
import org.springframework.stereotype.Service;

import java.util.List;
import java.util.NoSuchElementException;

@Service
public class CommentService {

    private final CommentRepository commentRepository;
    private final PostService postService;

    @Autowired
    public CommentService(CommentRepository commentRepository, PostService postService) {
        this.commentRepository = commentRepository;
        this.postService = postService;
    }

    public List<Comment> getCommentsByPostId(Long postId) {
        return commentRepository.findByPostId(postId);
    }

    // 其他服务方法...
    // 例如，添加保存评论的方法
    public Comment createComment(Long postId, Comment comment) {
        Post post = postService.getPostById(postId);
        comment.setPost(post);
        return commentRepository.save(comment);
```

```java
    }
    // 删除评论
    public void deleteComment(Long commentId) {
        Comment comment = commentRepository.findById(commentId)
                .orElseThrow(() -> new NoSuchElementException("No comment found with ID: " + commentId));
        commentRepository.delete(comment);
    }

    // 更新评论
    public Comment updateComment(Long commentId,Comment updatedComment) {
        Comment existingComment = commentRepository.findById(commentId)
                .orElseThrow(() -> new NoSuchElementException("No comment found with ID: " + commentId));
        existingComment.setAuthor(updatedComment.getAuthor());
        existingComment.setContent(updatedComment.getContent());
        return commentRepository.save(existingComment);
    }
}
```

在这个实现中,直接在 CommentService 类中定义了业务逻辑方法,比如获取某个文章下的所有评论、保存评论、删除评论和更新评论。这种方式简化了结构,但减少了面向接口编程带来的灵活性和可测试性。读者可以采用接口和实现类的方式实现。

5. 控制器

prompt 为:"请帮助生成或完善一个 CommentController 类,用于处理博客项目中的评论相关请求。这个控制器类应该包含创建评论、删除评论和获取某篇文章的评论列表,请确保使用 Java 语言,并基于 Spring Boot 框架的 RestController 注解。每个方法应该调用 CommentService 来执行相应的业务逻辑,并返回合适的 HTTP 响应。"

通义灵码生成的代码如下:

```java
@RestController
@RequestMapping("/posts")
public class CommentController {

    private final CommentService commentService;

    @Autowired
    public CommentController(CommentService commentService) {
        this.commentService = commentService;
    }

    // 获取某篇文章的评论
    @GetMapping("/{postId}/comments")
    public List<Comment> getCommentsByPost(@PathVariable Long postId) {
        return commentService.getCommentsByPostId(postId);
    }
```

```java
// 保存评论
@PostMapping("/{postId}/comments")
public ResponseEntity<Comment> createComment(@PathVariable Long postId, @RequestBody Comment comment) {
    Comment createdComment = commentService.createComment(postId, comment);
    return new ResponseEntity<>(createdComment, HttpStatus.CREATED);
}

// 删除评论
@DeleteMapping("/comments/{commentId}")
public void deleteComment(@PathVariable Long commentId) {
    commentService.deleteComment(commentId);
}

// 更新评论
@PutMapping("/comments/{commentId}")
public Comment updateComment(@PathVariable Long commentId, @RequestBody Comment updatedComment)
{
    updatedComment.setId(commentId);         // 确保 ID 与要更新的评论匹配
    return commentService.updateComment(commentId, updatedComment);
}
}
```

9.3.3 案例总结

使用 AI 辅助编程已经成为软件开发的必选项，它通过自动化代码生成、错误检测和性能优化，显著提高了开发效率和代码质量。未来，软件开发将更多地体现人机协作，释放人类从事创新性工作的潜力。AI 的应用将进一步深化，从自动化基础任务到支持决策和创新，引领软件开发进入一个更智能、高效的新时代。为了充分发挥 AI 工具的潜力，读者应掌握构建高效 prompt 的技巧，以便与 AI 工具进行深入的互动式学习，并通过对代码的反思来提升自己的编程知识和技能。

习题 9

1. 使用 AI 助手完成回复评论的功能。
2. 使用 AI 助手实现 CommentService 类的单元测试。
3. 使用 AI 助手实现 CommentService 类的集成测试。

第10章

视频讲解

综合应用

在之前的章节中,我们已经构建了一个具备基础功能的博客项目。面对诸如评论和收藏等新需求的出现,敏捷开发方法提供了一种灵活且适应性强的解决方案。敏捷开发以其灵活性和迭代性,帮助项目有效应对变化。本章将详细讨论如何运用敏捷开发策略,以有序且高效的方式引入新功能,推动项目的持续优化。持续改进和学习是敏捷开发的核心,它们赋予团队快速适应变化的能力,确保项目保持活力和市场竞争力。

10.1 敏捷开发简介

10.1.1 敏捷开发的核心理念

敏捷开发起源于20世纪90年代,是对传统瀑布模型的创新回应。它作为一种软件开发方法论,通过持续交付、快速反馈和灵活适应变化,目标是提高项目成功的可能性。敏捷开发的核心在于强化团队沟通与协作,认为这比遵循严格流程和使用高级工具更为重要。它优先考虑交付可运行的软件,并以实际成果而非文档作为项目进展的衡量标准。敏捷开发还强调与客户的紧密合作和持续反馈,以便在开发过程中调整方向,而不是依赖于早期的合同约定。它承认软件开发中的不确定性,并鼓励在开发过程中适应需求的变动,而不是坚持最初的计划。

Spring Boot 与敏捷开发原则高度一致,其设计理念和特性完美支持敏捷开发的核心需求。通过自动化配置、内置 Web 服务器和起步依赖,Spring Boot 简化了项目启动和开发,使快速构建和迭代成为可能,满足了敏捷开发对迅速响应变化的要求。Spring Boot 对测试的内置支持,尤其是集成的测试框架,推动了测试驱动开发,提升了代码质量和可靠性,这在敏捷开发中至关重要。Spring Boot 的灵活性、可扩展性和高效开发流程,使其成为敏捷开发的优选框架,有效支持敏捷团队实现其需求和目标。

10.1.2 敏捷开发的基本步骤

敏捷开发是一种迭代、增量的软件开发方法，以灵活、协作的方式应对变化的需求，步骤如下所示。

（1）确立清晰的项目愿景和具体目标，为开发过程提供方向。
（2）制定产品待办事项的优先级列表（Backlog），并根据重要性和价值对任务进行优先级排序。
（3）定期进行迭代会议，规划即将到来的开发周期内的工作。
（4）根据优先级列表，逐步完成各项任务。
（5）团队成员每天进行简短的站立会议，分享进度和协调工作。
（6）在每个迭代周期结束时，展示成果并进行回顾，以评估过程并寻求改进。
（7）通过持续集成和自动化测试，确保代码质量并减少错误。
（8）收集用户和客户的反馈，根据这些信息调整产品 Backlog。
（9）实现可持续的交付，强调团队成员之间的协作，并保持对变化的开放态度和适应性。

这些步骤共同构成了敏捷开发的基本原则，使团队能够快速、灵活地开发出满足客户需求的高质量软件。

个人开发者虽不具备团队规模，但仍可借鉴敏捷开发的核心理念来优化个人项目管理。明确项目愿景，将任务细化并按优先级排序，形成迭代开发的小目标。利用个人看板可视化工作流程，实施测试驱动开发保证代码质量，同时在每个开发周期结束时进行自我评估和调整。保持工作文档简洁，避免冗余，这样可以减少管理负担并提高效率。注重持续学习，保持技术适应性，以便能够快速应对项目中出现的新挑战和变化。通过这种方式，个人开发者不仅能够提高工作效率，还能确保项目稳定而灵活地向前发展。

10.1.3 制定产品 Backlog

制定产品 Backlog 是敏捷开发流程的核心环节，它为团队或个人开发者提供了清晰的项目方向和目标，确保关键任务得到集中处理。Backlog 的透明度和可调整性是促进有效沟通和协作的关键，使得团队能够在需求变化时保持敏捷。

无论是团队还是个人，制定 Backlog 的过程都始于对项目愿景和目标的明确定义。团队成员应共同识别用户故事，并根据优先级进行排序，进一步细化为可执行的具体任务。对于个人开发者而言，可以简化这一流程，专注于核心功能的开发，并根据项目进展灵活调整任务的优先级。持续地搜集用户反馈和团队意见，定期更新产品 Backlog，确保它与项目愿景和目标同步发展。利用高效的管理工具，确保 Backlog 的实时性和准确性。

例如，初学者开发一个博客系统时，制定的产品 Backlog 如表 10-1 所示。

通过上述 Backlog 的制定，读者可以有条不紊地推进博客系统的开发，从核心功能到增强体验逐步实现，并且保持对市场需求变化的敏感性，确保项目既实用又能持续发展。

表 10-1 博客系统的 Backlog

愿景		成为个人和小型团体分享知识、观点的首选平台
目标		创建一个简洁、易用的博客平台,让作者能够轻松发布文章,读者能够愉快阅读和互动
用户故事	高优先级	作为作者,我想要登录或注册账号,以便在平台上发布我的文章
		作为作者,我需要一个界面来撰写和编辑文章,包括添加标题、正文、标签
		作为读者,我希望能够浏览文章列表,单击标题阅读完整内容
		作为读者,我想要在文章下方留言,与其他读者或作者交流
	中优先级	作为作者,我希望可以看到我的文章的阅读量和评论数量
		作为读者,我想要通过搜索或分类标签找到感兴趣的文章
		作为作者,我想要在我的个人主页展示所有已发布的文章
		作为管理员,我需要一个后台管理系统来审核评论和管理用户
	低优先级	作为作者,我想要为我的博客自定义主题或样式
		作为读者,我希望能够订阅喜欢的作者,接收新文章通知
		作为作者,我想要文章支持 Markdown 格式编辑,提高写作体验
		作为读者,我想要在移动设备上也能获得良好的阅读体验
技术与非功能性需求		确保网站响应式设计,适应不同设备。实现基本的安全措施,如密码加密、防止 SQL 注入等。优化页面加载速度,提升用户体验。集成第三方登录(如 QQ、微信登录)以简化注册流程
持续改进与反馈循环		定期收集用户反馈,评估功能的使用情况和满意度。根据反馈和分析结果,调整产品 Backlog 的优先级和新增功能

10.2 版本管理

在敏捷开发的迭代过程中,版本管理能够有效地跟踪、管理和协作软件开发过程中的代码变更。敏捷开发的核心在于快速迭代与持续交付,而版本管理系统提供了必要的支持。通过版本管理,团队能够更好地应对需求变更,保持代码的稳定性,并确保每个迭代都能够顺利地交付高质量的软件产品。

10.2.1 版本管理简介

版本控制系统是一种用于追踪和管理文件或源代码变更的工具。它详细记录了每次的变更历史,允许维护多个版本的文件,并确保团队协作中的信息一致性。利用版本控制,开发者能够创建独立的分支进行工作,然后安全地将这些变更合并回主分支。此外,它还提供了数据备份和恢复机制,以防止任何形式的数据丢失。

版本管理依赖于强大的版本控制系统,这些系统不仅详尽地记录文件的修订历史,还清晰地标注了每次变更的作者和时间,极大地促进了团队的并行开发工作。在众多版本控制系统中,Git 和 SVN(Subversion)最广为人知。Git 以其分布式架构、高效的版本控制性能和卓越的分支管理功能脱颖而出,已经成为目前最受欢迎的版本控制解决方案。

Git 作为版本控制的核心工具,基于仓库概念,为每个项目提供本地和远程的存储空间,通过克隆实现代码在团队间的无缝共享。Git 通过提交记录来捕捉每次代码的变动,每个提交不仅包含代码的快照,还附有描述信息,共同织就了项目发展的清晰历史脉络。

Git 的分支机制支持多线程并行开发模式。主线分支(通常称为 master 或 main)保证了代码的稳定性,而特性分支则鼓励开发者进行创新尝试。通过合并操作,这些分支的变更能够被统一整合回主线,确保代码的连贯性和一致性。Git 的暂存区增加了提交过程的灵活性,允许开发者有选择性地提交更改。此外,标签功能使得对特定版本的标记和追溯变得简单快捷。Push 和 Pull 操作进一步简化了团队成员间的代码同步流程,显著提升了协作的效率。

10.2.2　Git 的基本使用

IDEA 集成了 Git 版本控制系统,让用户能够在 IDE 内部直接执行各种 Git 操作。这包括克隆仓库、将文件添加到版本控制、提交更改、推送到远程仓库、拉取最新更改、合并分支、查看详细的提交历史以及解决可能出现的合并冲突等。

使用 IDEA 进行版本控制,用户无须单独安装 Git 客户端。只需在 IDE 的设置中指定 Git 的安装路径(如果 IDE 未能自动检测到 Git),就可以通过其直观的图形用户界面来便捷地管理版本控制任务。这种集成方式不仅简化了工作流程,还提高了开发效率,使得版本控制变得更加直观和易于操作。

在 IntelliJ IDEA 中使用 Git 非常简单,使用方法如下:

(1) 打开 IntelliJ IDEA 并加载项目。如果项目还没有与 Git 仓库关联,可以通过在终端中执行 git init 命令初始化一个新的 Git 仓库。

(2) 在项目中进行修改后,选择顶部菜单栏中的 Git→Commit File 选项。在弹出的窗口中,选择要提交的更改文件,在输入框中编写提交消息,单击 Commit 按钮提交更改。

(3) 如果想将更改推送到远程仓库,则选择顶部菜单栏中的 Git→Push 选项。在弹出的窗口中,选择要推送的分支,单击 Push 按钮推送。

(4) 如果有其他团队成员对远程仓库进行了更改,则选择顶部菜单栏中的 Git→Pull 选项。在弹出的窗口中,单击 Pull 按钮从远程仓库拉取最新的更改并合并到本地分支。

(5) 如果想查看版本历史,则选择顶部菜单栏中的 Git→Show Log 选项,打开版本历史视图。在版本历史视图中,会看到所有提交记录,包括提交的哈希值、提交者、提交日期以及提交消息。

【例 10-1】　为 PostService 类中的 getAllPosts()方法添加注释,并且使用 Git 提交。

在 PostService 类中添加注释,代码如下:

```
import org.springframework.stereotype.Service;
import org.springframework.transaction.annotation.Transactional;

import java.util.List;
import java.util.NoSuchElementException;


@Service
public class PostService {

    private final PostRepository postRepository;
    public PostService(PostRepository postRepository) {
```

```java
        this.postRepository = postRepository;
    }
    public List<Post> getAllPosts() {
        return postRepository.findAll();
    }
    /**
     * 根据帖子 ID 获取帖子
     *
     * @param postId 帖子的唯一标识符
     * @return 返回对应 ID 的帖子对象。如果找不到对应的帖子,将抛出 NoSuchElementException 异常
     */
    public Post getPostById(Long postId) {
        // 通过帖子 ID 从数据库中查找帖子,如果找不到则抛出异常
        return postRepository.findById(postId)
                .orElseThrow(() -> new NoSuchElementException("No post found with ID: " + postId));
    }


    @Transactional
    public Post createPost(Post newPost) {
        validatePost(newPost); // 添加验证方法

        try {
            Post savedPost = postRepository.save(newPost);
            return savedPost;
        } catch (Exception e) {
            throw new RuntimeException("Failed to create post", e);
        }
    }


    // 验证 Post 对象的方法
    private void validatePost(Post post) {
        if (post.getTitle() == null || post.getTitle().trim().isEmpty()) {
            throw new IllegalArgumentException("Post title cannot be empty.");
        }
        // 可以在这里添加更多的验证规则
    }

    public Post updatePost(Long postId, Post updatedPost) {
        // 检查帖子是否存在
        Post existingPost = postRepository.findById(postId)
                .orElseThrow(() -> new NoSuchElementException("No post found with ID: " + postId));

        // 更新帖子的内容
        existingPost.setTitle(updatedPost.getTitle());
        existingPost.setContent(updatedPost.getContent());

        // 保存更新后的帖子并返回
        return postRepository.save(existingPost);
    }
```

```
public void deletePostById(Long postId) {
    if (!postRepository.existsById(postId)) {
        throw new NoSuchElementException("No post found with ID: " + postId);
    }
    postRepository.deleteById(postId);
}
```

修改完之后，选择顶部菜单栏的 Git→Commit File 选项，弹出 Commit Changes 对话框，如图 10-1 所示。在输入框中输入描述性的提交信息，单击 Commit 按钮将其提交到本地仓库。

图 10-1　Commit Changes 对话框

提交成功之后，在顶部菜单栏选择 Git→Show Log 选项，打开历史视图，如图 10-2 所示。在历史视图中，可以看到项目的提交记录，包括作者、日期、提交信息等。

图 10-2　历史视图

在历史记录中,需要详细审查某个特定的提交时,可以选中该提交,右击后在弹出的菜单中选择 Compare with Local 选项,修改信息对比如图 10-3 所示。

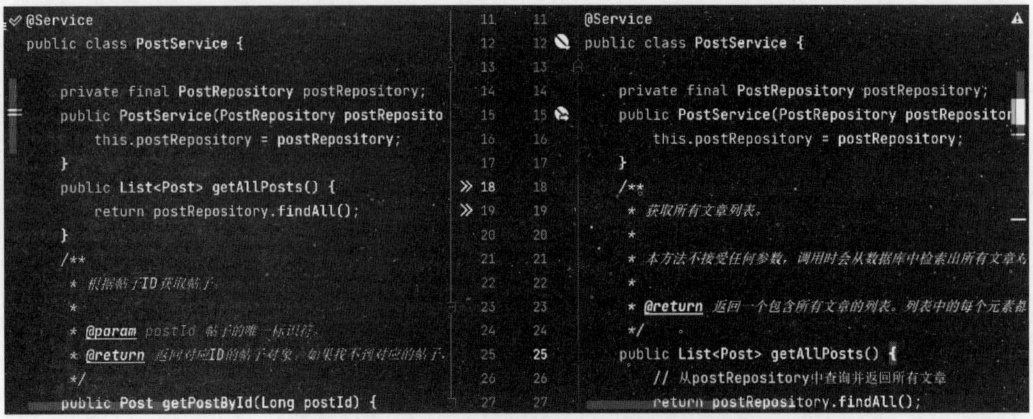

图 10-3 修改信息对比

如果想回退到之前的某个修改点,右击该提交,选择 Revert Changes 选项。这一操作将生成一个新的提交,它保留了原始提交记录,同时创建了一个新的提交,其作用是撤销之前提交所做的更改。这种方法不仅保留了项目的历史完整性,而且通过新增的提交清晰地标记了回退操作,确保了代码演进的透明性和可追踪性。

以上是在 IntelliJ IDEA 中使用 Git 的基本步骤,读者可以根据项目的需要进行进一步的操作,如创建分支、合并分支、解决冲突等。

10.3 综合任务:新增内容审核功能

10.3.1 案例描述

在第 4 章综合任务的基础上,添加博客内容管理和管理员审核功能。

10.3.2 案例实现

对于博客项目的初学者,敏捷开发方法是一种有效的策略,它通过明确项目目标和用户需求来确保迭代计划与核心目标一致。通过创建简洁的任务列表来细化项目,使团队能够清晰地理解工作进展和任务优先级。最关键的是,通过采用迭代式开发,将项目划分为小的周期,专注于特定功能或模块的开发,并在每个周期结束时提供可演示的增量成果。这种方法不仅提高了开发效率,保持了项目的灵活性,还允许团队通过每个迭代的反馈来不断学习和优化,确保项目始终朝着正确的方向前进。

1. 第 1 次迭代——用户身份认证功能搭建

目标是实现用户身份验证系统。为此,定义了以下用户故事。

(1) 访客可以在平台上创建账户。

(2) 注册用户能够使用他们的账户信息登录。

为了实现这些用户故事,将任务分解为以下内容。

(1) 设计并实现用户注册和登录页。

(2) 实现一个注册机制,允许用户输入必要信息并创建账户。

(3) 实现一个登录机制,确保用户能够安全地访问他们的账户。

(4) 构建一个基本的用户界面框架,为后续功能扩展提供基础。

在本案例中,采用前后端分离的开发模式,以提高项目的可维护性和扩展性。前端部分,选择了 Vue 框架,以其响应式和组件化的特点,为用户提供流畅且动态的交互体验。后端部分,选择了 Spring Boot 框架,因其简化配置和快速开发特性,为后端服务提供了强大的支撑。

后端的实现如下所述。

(1) 实体类。

实体类包括 User 类和 Role 枚举。User 类用于存储用户的关键信息。Role 枚举定义了用户拥有的不同角色。

User 类代码如下:

```java
import jakarta.persistence.*;
import lombok.*;

@Data
@AllArgsConstructor
@NoArgsConstructor
@Entity
@Table(name = "users")        // 使用非保留关键字的表名
@EqualsAndHashCode(exclude = "roles")
public class User {
    @Id
    @GeneratedValue(strategy = GenerationType.IDENTITY)
    private Long id;

    @Column(nullable = false, unique = true)
    private String username;
    private String password;

    @Enumerated(EnumType.STRING)
    private Role role;

}
```

Role 枚举定义了两种角色状态:USER 和 ADMIN,用来标记用户或管理员权限。代码如下:

```java
public enum Role {
    USER,
    ADMIN
}
```

(2) Repository 接口。

User 实体类对应一个定义良好的 Repository 接口,该接口封装了对数据库操作的逻辑,提供了数据访问和持久化的方法,代码如下:

```java
import com.example.example10integrated.model.User;
import org.springframework.data.jpa.repository.JpaRepository;

import java.util.Optional;

public interface UserRepository extends JpaRepository<User, Long> {
    Optional<User> findByUsername(String username);
}
```

(3) Service 层。

UserService 类是一个 Spring 服务组件,实现了 UserDetailsService 接口,负责处理用户管理的关键任务。它不仅负责注册新用户,设置密码并保存至数据库,还负责用户登录验证,通过比对输入密码与存储的密码来确认用户身份。此外,它为 Spring Security 提供加载用户详情的服务,支持安全框架的运作,并生成 JWT 令牌,用于安全的身份验证和授权。UserService 依赖于 UserRepository 来操作用户数据,使用 PasswordEncoder 编码器对密码进行加密,以及利用 JwtUtil 来生成和管理 JWT 令牌,确保整个用户服务既高效又安全,代码如下:

```java
import com.example.example10integrated.JwtUtil;
import com.example.example10integrated.model.User;
import com.example.example10integrated.repository.UserRepository;
import org.springframework.beans.factory.annotation.Autowired;
import org.springframework.security.core.userdetails.UserDetails;
import org.springframework.security.core.userdetails.UserDetailsService;
import org.springframework.security.core.userdetails.UsernameNotFoundException;
import org.springframework.security.crypto.password.PasswordEncoder;
import org.springframework.stereotype.Service;

@Service
public class UserService implements UserDetailsService {

    private UserRepository userRepository;
    private PasswordEncoder passwordEncoder;

    private final JwtUtil jwtUtil;
    public UserService(UserRepository userRepository, PasswordEncoder passwordEncoder, JwtUtil jwtUtil) {
        this.userRepository = userRepository;
        this.passwordEncoder = passwordEncoder;
        this.jwtUtil = jwtUtil;
    }
    public User registerUser(User user) {
        user.setPassword(passwordEncoder.encode(user.getPassword()));
        return userRepository.save(user);
    }
```

```java
    public boolean validateUserLogin(User user) {
        User foundUser = userRepository.findByUsername(user.getUsername())
                .orElseThrow(() -> new UsernameNotFoundException("User not found"));

        return passwordEncoder.matches(user.getPassword(), foundUser.getPassword());
    }

    @Override
    public UserDetails loadUserByUsername(String username) throws UsernameNotFoundException {
        User user = userRepository.findByUsername(username)
                .orElseThrow(() -> new UsernameNotFoundException("User not found"));
        return org.springframework.security.core.userdetails.User
                .withUsername(user.getUsername())
                .password(user.getPassword())
                .authorities(user.getRole().name())
                .accountExpired(false)
                .accountLocked(false)
                .credentialsExpired(false)
                .disabled(false)
                .build();
    }

    public String generateToken(UserDetails userDetails) {
        return jwtUtil.generateToken(userDetails.getUsername());
    }
}
```

（4）Controller 层。

UserController 类是一个 RESTful API 控制器，它设计了两个端点来处理用户的注册和登录流程，代码如下：

```java
import com.example.example10integrated.model.User;
import com.example.example10integrated.service.UserService;
import org.springframework.beans.factory.annotation.Autowired;
import org.springframework.http.HttpStatus;
import org.springframework.http.ResponseEntity;
import org.springframework.security.authentication.AuthenticationManager;
import org.springframework.security.authentication.BadCredentialsException;
import org.springframework.security.authentication.UsernamePasswordAuthenticationToken;
import org.springframework.security.core.Authentication;
import org.springframework.security.core.context.SecurityContextHolder;
import org.springframework.security.core.userdetails.UserDetails;
import org.springframework.web.bind.annotation.*;

import java.util.Collections;

@RestController
@RequestMapping("/api")
public class UserController {
```

```java
@Autowired
private AuthenticationManager authenticationManager;
@Autowired
private UserService userService;

@PostMapping("/register")
public ResponseEntity<String> registerUser(@RequestBody User user) {
    userService.registerUser(user);
    return new ResponseEntity<>("User registered successfully", HttpStatus.CREATED);
}

@PostMapping("/login")
public ResponseEntity<?> loginUser(@RequestBody User user) {
    // 处理认证操作
    try {
        Authentication authentication = authenticationManager.authenticate(
                new UsernamePasswordAuthenticationToken(user.getUsername(), user.getPassword())
        );
        SecurityContextHolder.getContext().setAuthentication(authentication);
        String token = userService.generateToken((UserDetails) authentication.getPrincipal());
        return ResponseEntity.ok(Collections.singletonMap("token", token));
    } catch (BadCredentialsException e) {
        return ResponseEntity.status(HttpStatus.FORBIDDEN).body("Invalid username or password");
    }
}
}
```

(5) JWT 工具集。

JwtUtil 类是一个在 Spring 应用中实现 JWT 安全机制的核心组件，它提供了一系列方法来简化 JWT 的生成、解析、验证和用户信息提取过程。该类使用一个自动生成的 256 位密钥来签名 JWT，并设置了一个默认的 10 小时有效期，代码如下：

```java
import io.jsonwebtoken.Claims;
import io.jsonwebtoken.Jwts;
import io.jsonwebtoken.SignatureAlgorithm;
import org.springframework.stereotype.Component;

import java.security.SecureRandom;
import java.util.Base64;
import java.util.Date;

@Component
public class JwtUtil {

    private String secret = keyGenerator();
    private long expirationTime = 1000 * 60 * 60 * 10;
```

```java
public String keyGenerator(){
    byte[] key = new byte[32]; // 256 bits
    new SecureRandom().nextBytes(key);
    String base64Key = Base64.getEncoder().encodeToString(key);
    return base64Key;
}
// 生成 JWT
public String generateToken(String username) {
    return Jwts.builder()
            .setSubject(username)
            .setIssuedAt(new Date())
            .setExpiration(new Date(System.currentTimeMillis() + expirationTime))
            .signWith(SignatureAlgorithm.HS256, secret)
            .compact();
}

// 提取 Claims
public Claims extractClaims(String token) {
    return Jwts.parser()
            .setSigningKey(secret)
            .build()
            .parseClaimsJws(token)
            .getBody();
}

// 验证 JWT
public boolean validateToken(String token) {
    try {
        extractClaims(token);
        return true;
    } catch (Exception e) {
        return false;
    }
}

// 提取用户名
public String extractUsername(String token) {
    return extractClaims(token).getSubject();
}
}
```

(6) 过滤器。

JwtAuthenticationFilter 是一个 Spring Security 过滤器，用于实现基于 JWT 的认证机制。当请求带有 Authorization 头时，它验证 JWT 并从中提取用户名，自动将用户认证信息添加到 Spring Security 上下文中。如果请求缺少有效 JWT，过滤器会忽略并继续请求处理流程。这个组件通过依赖注入与 AuthenticationManager 和 JwtUtil 协作，并自动注册到 Spring 容器中，代码如下：

```java
import jakarta.servlet.FilterChain;
import jakarta.servlet.ServletException;
```

```java
import jakarta.servlet.http.*;
import org.springframework.beans.factory.annotation.Autowired;
import org.springframework.security.authentication.AuthenticationManager;
import org.springframework.security.authentication.UsernamePasswordAuthenticationToken;
import org.springframework.security.core.context.SecurityContextHolder;
import org.springframework.security.web.authentication.www.BasicAuthenticationFilter;
import org.springframework.stereotype.Component;

import java.io.IOException;
import java.util.ArrayList;

@Component
public class JwtAuthenticationFilter extends BasicAuthenticationFilter {

    private JwtUtil jwtUtil;


    @Autowired
    public JwtAuthenticationFilter(AuthenticationManager authenticationManager, JwtUtil jwtUtil) {
        super(authenticationManager);
        this.jwtUtil = jwtUtil;
    }

    @Override
    protected void doFilterInternal(HttpServletRequest request,
                                    HttpServletResponse response,
                                    FilterChain chain) throws IOException, ServletException {
        String header = request.getHeader("Authorization");

        if (header == null || !header.startsWith("Bearer ")) {
            chain.doFilter(request, response);
            return;
        }

        String token = header.substring(7);
        System.out.println(token);
        if (jwtUtil.validateToken(token)) {
            String username = jwtUtil.extractUsername(token);
            UsernamePasswordAuthenticationToken authentication = new UsernamePasswordAuthenticationToken(username, null, new ArrayList<>());
            SecurityContextHolder.getContext().setAuthentication(authentication);
        }

        chain.doFilter(request, response);
    }
}
```

(7) 安全和网络配置。

SecurityConfig 类是 Spring Security 的核心配置，负责设置应用程序的安全策略。它启用了方法级安全注解，配置了密码加密、用户认证服务、JWT 过滤器以及 HTTP 安全规则，代码如下：

```java
import com.example.example10integrated.service.UserService;
import org.springframework.beans.factory.annotation.Autowired;
import org.springframework.context.annotation.Bean;
import org.springframework.context.annotation.Configuration;
import org.springframework.context.annotation.Lazy;
import org.springframework.security.authentication.AuthenticationManager;
import org.springframework.security.authentication.dao.DaoAuthenticationProvider;
import org.springframework.security.config.annotation.authentication.configuration.AuthenticationConfiguration;
import org.springframework.security.config.annotation.method.configuration.EnableGlobalMethodSecurity;
import org.springframework.security.config.annotation.web.builders.HttpSecurity;
import org.springframework.security.config.http.SessionCreationPolicy;
import org.springframework.security.crypto.bcrypt.BCryptPasswordEncoder;
import org.springframework.security.crypto.password.PasswordEncoder;
import org.springframework.security.web.SecurityFilterChain;


@Configuration
@EnableGlobalMethodSecurity(prePostEnabled = true) // 启用方法级别的安全注解
public class SecurityConfig {
    private final UserService userService;

    @Autowired
    private JwtUtil jwtUtil;
    public SecurityConfig(@Lazy UserService userService) {
        this.userService = userService;
    }

    @Bean
    public PasswordEncoder passwordEncoder() {
        return new BCryptPasswordEncoder();
    }


    @Bean
    public DaoAuthenticationProvider authenticationProvider() {
        DaoAuthenticationProvider authProvider = new DaoAuthenticationProvider();
        authProvider.setUserDetailsService(userService);
        authProvider.setPasswordEncoder(passwordEncoder());
        return authProvider;
    }

    @Bean
     public AuthenticationManager authenticationManager ( AuthenticationConfiguration authConfig ) throws Exception {
        return authConfig.getAuthenticationManager();
    }
    @Bean
```

```java
public SecurityFilterChain securityFilterChain(HttpSecurity http) throws Exception {
    http
            .csrf(csrf -> csrf.disable())                                    // 禁用 CSRF
            .authorizeHttpRequests(auth -> auth
                    .requestMatchers("/h2-console/**").permitAll()           // 允许访问 H2 控制台
                    .requestMatchers("/api/register", "/api/login").permitAll()
                    .anyRequest().authenticated()
            )
            .addFilter(new JwtAuthenticationFilter(authenticationManager(http.getSharedObject(AuthenticationConfiguration.class)), jwtUtil))
            .securityContext((securityContext) -> securityContext
                    .requireExplicitSave(false)                              // 默认策略为自动保存
            )
            .sessionManagement((sessionManagement) -> sessionManagement
                    .sessionCreationPolicy(SessionCreationPolicy.STATELESS)
            );

    http.headers(headers -> headers.frameOptions(frameOptions -> frameOptions.sameOrigin()));
    return http.build();
}
```

SecurityConfig 类是 Spring Security 的核心配置，负责设置应用程序的安全策略。它启用了方法级安全注解，配置了密码加密、用户认证服务、JWT 过滤器以及 HTTP 安全规则。具体包括：使用 BCrypt 编码器对密码进行加密，设置用户详情服务与密码编码器，集成 JWT 过滤器处理 token 验证，定义了哪些 URL 路径可公开访问或需要鉴权，并禁用了 CSRF 保护、设置了无状态的会话管理以支持 JWT 无 Session 认证，同时确保 H2 控制台的访问与同源帧策略安全。整体构建了一个既支持传统认证又集成 JWT 认证的灵活安全体系。

在开发前后端分离架构的项目时，配置 CORS 策略是确保前端顺畅访问后端资源的必要步骤。若 CORS 配置不当或缺失，浏览器的同源策略将限制跨域请求，进而影响应用的功能性。为此，WebConfig 类通过实现 WebMvcConfigurer 接口，提供了定制化的 CORS 配置解决方案，简化了前端与后端之间的跨域数据交互，保障了应用的流畅运行，代码如下：

```java
import org.springframework.context.annotation.Configuration;
import org.springframework.web.servlet.config.annotation.CorsRegistry;
import org.springframework.web.servlet.config.annotation.WebMvcConfigurer;
@Configuration
public class WebConfig implements WebMvcConfigurer {

    @Override
    public void addCorsMappings(CorsRegistry registry) {
        registry.addMapping("/**")
                .allowedOrigins("http://localhost:8081")
                .allowedMethods("GET", "POST", "PUT", "DELETE", "OPTIONS")
```

```
            .allowedHeaders("*")
            .allowCredentials(true);
    }
}
```

前端的实现可以借助 ChatGPT、通义灵码等 AI 工具。prompt 示例为:"为初学者设计一个简单直观的博客前端界面,包括用户认证功能。注册界面包括用户名、密码和角色选择字段。提供两种角色类型,'ADMIN' 和 'USER',让用户在注册时选择。登录界面带有用户名和密码字段。设计风格使用现代的色彩方案,采用柔和的色调。保持设计对初学者友好,在必要时提供指导性说明。"AI 给出的前端代码见项目配套代码(具体路径见 chapter10\integrated\v1\example10-integrated-frontend 文件夹)。

在 IntelliJ IDEA 中成功导入前端和后端项目,并分别启动它们。启动完成后,通过浏览器访问 http://localhost:8081,即可加载并展示注册界面,如图 10-4 所示。

在注册界面,填写用户名、密码,并选择相应的角色。完成这些步骤后,单击"注册"按钮。若注册成功,系统将自动跳转到登录界面,如图 10-5 所示。

图 10-4　注册界面

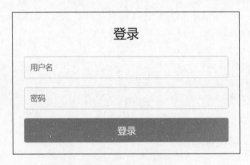

图 10-5　登录界面

在登录界面输入正确的用户名和密码,单击"登录"按钮,会跳转到登录成功的界面,如图 10-6 所示。如果输入错误的用户名或者密码,会给出相应的信息提示登录失败。

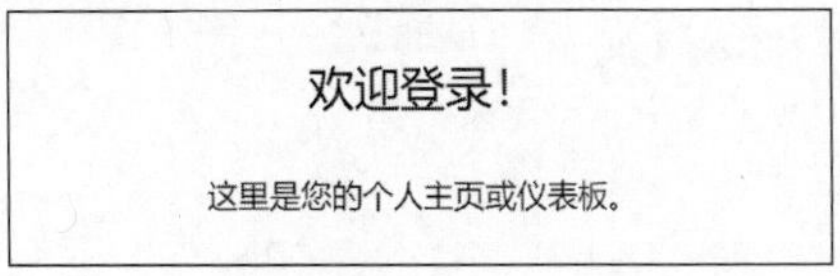

图 10-6　登录成功界面

2. 第 2 次迭代——博客文章功能

第 2 次迭代目标是实现用户创建和管理博客文章的功能。为此,定义了以下用户故事。

(1) 博客作者可以创建博客文章。

(2) 博客作者能够编辑和删除自己的博客文章。

根据用户故事,将任务分解为:

(1) 博客文章创建和编辑页面。

(2) 实现博客文章的创建和保存。

(3) 添加博客文章的编辑和删除功能。

后端实现涉及构建相应的 API 端点来处理文章的 CRUD 操作,并确保这些操作的安全性和数据完整性。

后端具体实现如下。

(1) 实体类。

```java
import jakarta.persistence.*;
import lombok.AllArgsConstructor;
import lombok.Data;
import lombok.NoArgsConstructor;

import java.time.LocalDateTime;

@Data
@AllArgsConstructor
@NoArgsConstructor
@Entity
public class Post {
    @Id
    @GeneratedValue(strategy = GenerationType.IDENTITY)
    private Long id;
    private String title;
    private String content;
    private LocalDateTime publishDate;

    @ManyToOne
    @JoinColumn(name = "user_id")
    private User author;
}
```

(2) Repository 接口。

```java
import com.example.example10integrated.model.Post;
import org.springframework.data.jpa.repository.JpaRepository;

import java.util.List;
import java.util.Optional;

public interface PostRepository extends JpaRepository<Post, Long> {
    List<Post> findAll();
    Optional<Post> findById(Long id);
    Post save(Post post);
    void deleteById(Long id);
}
```

(3) Service 层。

```java
import com.example.example10integrated.security.CustomUserDetails;
import com.example.example10integrated.model.Post;
import com.example.example10integrated.model.User;
import com.example.example10integrated.repository.PostRepository;
```

```java
import org.springframework.security.core.Authentication;
import org.springframework.security.core.context.SecurityContextHolder;
import org.springframework.stereotype.Service;
import org.springframework.transaction.annotation.Transactional;

import java.util.List;
import java.util.NoSuchElementException;


@Service
public class PostService {

    private final PostRepository postRepository;
    public PostService(PostRepository postRepository) {
        this.postRepository = postRepository;
    }
    public List<Post> getAllPosts() {
        return postRepository.findAll();
    }
    public Post getPostById(Long postId) {
        return postRepository.findById(postId)
                .orElseThrow(() -> new NoSuchElementException("No post found with ID: " + postId));
    }

    @Transactional
    public Post createPost(Post newPost) {
        Authentication authentication = SecurityContextHolder.getContext().getAuthentication();
        validatePost(newPost); // 添加验证方法

        if (authentication != null && authentication.isAuthenticated()) {
            Object principal = authentication.getPrincipal();

            if (principal instanceof CustomUserDetails) {
                User currentUser = ((CustomUserDetails) principal).getUser();

                // 关联用户到博客
                newPost.setAuthor(currentUser);

                // 保存博客
                return postRepository.save(newPost);
            } else {
                throw new IllegalStateException("Principal is not an instance of CustomUserDetails.");
            }
        } else {
            throw new IllegalStateException("No authenticated user found.");
        }
    }


    // 验证 Post 对象的方法
```

```java
    private void validatePost(Post post) {
        if (post.getTitle() == null || post.getTitle().trim().isEmpty()) {
            throw new IllegalArgumentException("Post title cannot be empty.");
        }
        // 可以在这里添加更多的验证规则
    }

    public void deletePostById(Long postId) {
        if (!postRepository.existsById(postId)) {
            throw new NoSuchElementException("No post found with ID: " + postId);
        }
        postRepository.deleteById(postId);
    }
}
```

createPost 方法负责创建新的博客文章。它首先确认请求用户已通过认证，然后利用 CustomUserDetails 类从安全上下文获取当前登录用户的详细信息，并将这些信息绑定到新文章，指定用户为文章作者。具体代码如下：

```java
import com.example.example10integrated.model.User;
import org.springframework.security.core.GrantedAuthority;
import org.springframework.security.core.userdetails.UserDetails;

import java.util.Collection;

public class CustomUserDetails implements UserDetails {

    private final User user;

    public CustomUserDetails(User user) {
        this.user = user;
    }

    public User getUser() {
        return user;
    }

    @Override
    public Collection<? extends GrantedAuthority> getAuthorities() {
        // 返回用户的权限
        return null;
    }

    @Override
    public String getPassword() {
        return user.getPassword();
    }
```

```java
    @Override
    public String getUsername() {
        return user.getUsername();
    }

    @Override
    public boolean isAccountNonExpired() {
        return true;
    }

    @Override
    public boolean isAccountNonLocked() {
        return true;
    }

    @Override
    public boolean isCredentialsNonExpired() {
        return true;
    }

    @Override
    public boolean isEnabled() {
        return true;
    }
}
```

对应 JwtAuthenticationFilter 类也需要做细微调整,具体实现详见项目提供的源代码。

(4) Controller 层。

```java
import com.example.example10integrated.model.Post;
import com.example.example10integrated.service.PostService;
import org.springframework.beans.factory.annotation.Autowired;
import org.springframework.http.ResponseEntity;
import org.springframework.web.bind.annotation.*;

import java.util.List;
import java.util.NoSuchElementException;


@RestController
@RequestMapping("/api/posts")
public class PostController {
    private final PostService postService;

    @Autowired
    public PostController(PostService postService) {
        this.postService = postService;
    }

    /**
     * 获取所有文章列表
```

```java
 *
 * @return 包含所有文章的响应实体
 */
@GetMapping
public ResponseEntity<List<Post>> getAllPosts() {
    return ResponseEntity.ok().body(postService.getAllPosts());
}

/**
 * 根据文章 ID 获取文章详情
 *
 * @param postId 文章 ID
 * @return 包含指定文章的响应实体,若未找到则返回 404 Not Found
 */
@GetMapping("/{postId}")
public ResponseEntity<Post> getPostById(@PathVariable Long postId) {
    try {
        Post post = postService.getPostById(postId);
        return ResponseEntity.ok(post);
    } catch (NoSuchElementException e) {
        return ResponseEntity.notFound().build();
    }
}

/**
 * 创建新文章
 *
 * @param newPost 新文章对象
 * @return 包含创建后文章的响应实体
 */
@PostMapping
public ResponseEntity<Post> createPost(@RequestBody Post newPost) {
    return ResponseEntity.ok().body(postService.createPost(newPost));
}

/**
 * 删除指定 ID 的文章
 *
 * @param postId 待删除文章的 ID
 * @return HTTP 204 No Content 响应,表示文章删除成功
 */
@DeleteMapping("/{postId}")
public ResponseEntity<Void> deletePost(@PathVariable Long postId) {
    postService.deletePostById(postId);
    return ResponseEntity.noContent().build();
}
}
```

PostController 类是一个处理文章相关 HTTP 请求的 REST 接口，它调用 PostService 类执行 CRUD 操作。通过不同的 HTTP 方法，客户端可以获取文章列表、获取单个文章、创建新文章以及删除文章，并返回相应的 HTTP 响应状态和内容。

前端的实现可以借助 AI 工具实现。prompt 示例为："请设计一个用户友好的前端界面，用于展示和操作博客文章。博客列表页面应展示所有文章，并在每篇文章旁边提供一个'删除'按钮，以便用户可以轻松删除不需要的文章。此外，在页面底部应包含一个明显的'新建博客'按钮。单击'新建博客'按钮，用户将被引导至博客文章创建界面。在这个界面中，允许用户输入文章的标题、内容和其他相关信息。界面的底部应再次包含一个'新建博客'按钮，用户填写完毕后单击该按钮可将新文章的数据提交到后台数据库进行保存。"AI 给出的前端代码见项目配套代码（具体路径见 chapter10\integrated\v2\example10-integrated-frontend 文件夹）。

成功导入前端和后端项目，启动前端和后端项目，并在浏览器中打开 http://localhost:8081，即可访问登录和注册界面。注册或登录成功后，系统将自动跳转到博客列表页面，如图 10-7 所示。

单击"新建博客"按钮，进入新建博客界面，如图 10-8 所示。

填写好标题和内容，单击"新建博客"按钮，成功创建博客之后，会回到博客列表界面，如图 10-9 所示。

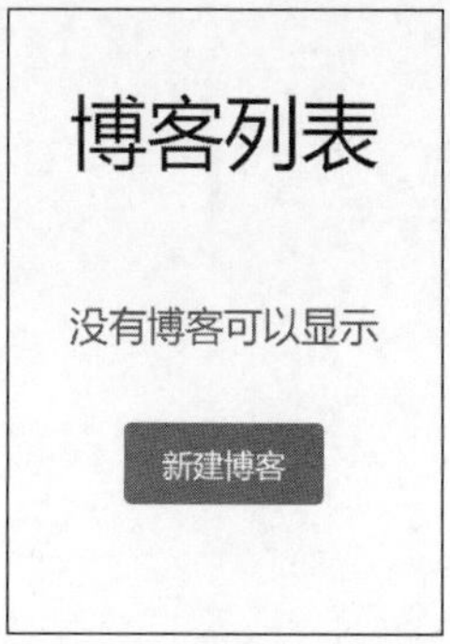

图 10-7 博客列表界面   图 10-8 新建博客界面   图 10-9 博客列表界面

3. 第 3 次迭代——阅读和评论

第 3 次迭代的目标是增强用户体验，允许用户在博客文章上发表评论。为此定义了一个用户故事：读者可以对博客文章进行评论。为了实现这一功能，将任务分解成添加评论功能。

为了实现用户在博客文章上发表评论的功能，后端实现将包括设计数据库模型以存储评论数据，开发相应的 RESTful API 端点来处理评论的增删改查操作。同时，将编写业务逻辑确保只有认证用户能够发表评论，并保证评论与特定文章关联。

后端具体实现如下。

(1) 实体类。

```java
import jakarta.persistence.*;
import lombok.AllArgsConstructor;
import lombok.Data;
import lombok.NoArgsConstructor;

import java.time.LocalDateTime;

@Data
@AllArgsConstructor
@NoArgsConstructor
@Entity
public class Comment {
    @Id
    @GeneratedValue(strategy = GenerationType.IDENTITY)
    private Long id;

    @ManyToOne
    @JoinColumn(name = "post_id")
    private Post post;

    @Column(nullable = false)
    private String content;

    @ManyToOne
    @JoinColumn(name = "user_id")
    private User author;

    @Column(name = "commented_date", nullable = false)
    private LocalDateTime commentedDate;

}
```

(2) Repository 接口。

```java
import com.example.example10integrated.model.Comment;
import org.springframework.data.jpa.repository.JpaRepository;
import org.springframework.transaction.annotation.Transactional;

import java.util.List;

public interface CommentRepository extends JpaRepository<Comment, Long> {
    List<Comment> findByPostId(Long postId);

    @Transactional
    void deleteByPostId(Long postId);
}
```

（3）Service 层。

```java
import com.example.example10integrated.model.Comment;
import com.example.example10integrated.security.CustomUserDetails;
import com.example.example10integrated.model.Post;
import com.example.example10integrated.model.User;
import com.example.example10integrated.repository.CommentRepository;
import org.springframework.beans.factory.annotation.Autowired;
import org.springframework.security.core.Authentication;
import org.springframework.security.core.context.SecurityContextHolder;
import org.springframework.stereotype.Service;

import java.util.List;
import java.util.NoSuchElementException;

@Service
public class CommentService {

    private final CommentRepository commentRepository;
    private final PostService postService;

    @Autowired
    public CommentService(CommentRepository commentRepository, PostService postService) {
        this.commentRepository = commentRepository;
        this.postService = postService;
    }

    public List<Comment> getCommentsByPostId(Long postId) {
        return commentRepository.findByPostId(postId);
    }

    // 其他服务方法……
    // 例如,添加保存评论的方法
    public Comment createComment(Long postId, Comment comment) {

        Authentication authentication = SecurityContextHolder.getContext().getAuthentication();

        if (authentication != null && authentication.isAuthenticated()) {
            Object principal = authentication.getPrincipal();

            if (principal instanceof CustomUserDetails) {
                User currentUser = ((CustomUserDetails) principal).getUser();

                // 关联用户到博客
                Post post = postService.getPostById(postId);
                comment.setPost(post);
                comment.setAuthor(currentUser);
                return commentRepository.save(comment);
            } else {
                throw new IllegalStateException("Principal is not an instance of CustomUserDetails.");
```

```
                }
            } else {
                throw new IllegalStateException("No authenticated user found.");
            }


    }
    // 删除评论
    public void deleteComment(Long commentId) {
        Comment comment = commentRepository.findById(commentId)
                .orElseThrow(() -> new NoSuchElementException("No comment found with ID: " + commentId));
        commentRepository.delete(comment);
    }
}
```

注意,删除博客的时候也会将评论删掉,所以 PostService 类删除博客的方法也要作相应的修改,代码如下:

```
@Transactional
public void deletePostById(Long postId) {
    if (!postRepository.existsById(postId)) {
        throw new NoSuchElementException("No post found with ID: " + postId);
    }
    commentRepository.deleteByPostId(postId);
    postRepository.deleteById(postId);
}
```

(4) Controller 层。

CommentController 控制器类封装了评论的 CRUD 操作,代码如下:

```
import com.example.example10integrated.model.Comment;
import com.example.example10integrated.service.CommentService;
import org.springframework.beans.factory.annotation.Autowired;
import org.springframework.http.HttpStatus;
import org.springframework.http.ResponseEntity;
import org.springframework.web.bind.annotation.*;

import java.util.List;

@RestController
@RequestMapping("/api/posts")
public class CommentController {

    private final CommentService commentService;

    @Autowired
    public CommentController(CommentService commentService) {
        this.commentService = commentService;
```

```java
    }

    // 获取某篇文章的评论
    @GetMapping("/{postId}/comments")
    public List<Comment> getCommentsByPost(@PathVariable Long postId) {
        return commentService.getCommentsByPostId(postId);
    }

    // 保存评论
    @PostMapping("/{postId}/comments")
    public ResponseEntity<Comment> createComment(@PathVariable Long postId, @RequestBody Comment comment) {
        Comment createdComment = commentService.createComment(postId, comment);
        return new ResponseEntity<>(createdComment, HttpStatus.CREATED);
    }

    // 删除评论
    @DeleteMapping("/{postId}/comments/{commentId}")
    public void deleteComment(@PathVariable Long commentId) {
        commentService.deleteComment(commentId);
    }

}
```

前端的实现可以借助 AI 工具实现。prompt 示例为:"请为一个初学者博客的前端设计评论功能,在博客列表显示界面,每篇博客文章下方应包含一个评论区。评论区应包含一个输入框,供用户撰写他们的评论。输入框旁边应有一个'新建评论'按钮,用户填写评论后,单击此按钮将提交评论,并立即在文章下方显示新评论。此外,每个已显示的评论旁边应提供一个'删除'按钮,允许用户或评论的作者移除不再需要的评论。请确保评论功能的实现既简单又用户友好,适合初学者使用,同时确保界面设计清晰,操作直观。"

AI 给出的前端代码见项目配套代码(具体路径见 chapter10\integrated\v3\example10-integrated-frontend 文件夹)。

成功导入前端和后端项目,启动前端和后端项目,并在浏览器中打开 http://localhost:8081,即可访问登录和注册界面。注册或登录成功后,系统将自动跳转到博客列表页面,如图 10-10 所示。在新的博客列表页面可以看到在文章下面有评论的功能。

在输入框中输入评论,单击"新建评论"按钮,创建评论成功之后,会回到博客列表界面,如图 10-11 所示。而新建的评论会出现在评论列表中。

4. 第 4 次迭代——敏感词处理

第 4 次迭代添加敏感词处理功能。为此,设计用户故事:当用户尝试提交包含敏感词的评论或内容时,系统将自动将这些敏感词替换掉,以确保发布内容的适当性。实现此功能的核心任务是添加敏感词过滤器。

后端具体设计如下。

图 10-10 博客列表界面(1)

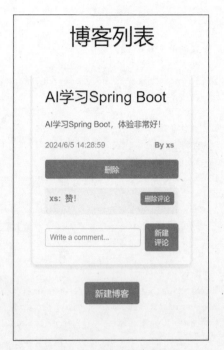

图 10-11 博客列表界面(2)

(1) 创建敏感词过滤器。

SensitiveWordFilter 类是常用类，用于处理敏感词过滤问题。这个过滤器在每次请求时检查 POST 方法且内容类型为 application/json 的请求，以探测并替换敏感词汇。在初始化时，过滤器会加载一些预定义的敏感词及其替换值，允许进一步扩展以处理更多的敏感词。代码如下：

```java
import jakarta.servlet.FilterChain;
import jakarta.servlet.ServletException;
import jakarta.servlet.http.HttpServletRequest;
import jakarta.servlet.http.HttpServletResponse;
import org.slf4j.Logger;
import org.slf4j.LoggerFactory;
import org.springframework.stereotype.Component;
import org.springframework.web.filter.OncePerRequestFilter;

import java.io.IOException;
import java.util.HashMap;
import java.util.Map;


@Component
public class SensitiveWordFilter extends OncePerRequestFilter {
    private static final Logger logger = LoggerFactory.getLogger(SensitiveWordFilter.class);
    private final Map<String, String> sensitiveWords = new HashMap<>();
```

```java
public SensitiveWordFilter() {
    // 初始化敏感词
    sensitiveWords.put("badword1", "****");
    sensitiveWords.put("badword2", "****");
    // 添加更多敏感词及替换内容
}

@Override
protected void doFilterInternal(HttpServletRequest request, HttpServletResponse response, FilterChain filterChain)
        throws ServletException, IOException {

    if ("POST".equalsIgnoreCase(request.getMethod()) && request.getContentType() != null
            && request.getContentType().contains("application/json")) {
        logger.debug("SensitiveWordFilter is processing the request");
        SensitiveWordRequestWrapper wrappedRequest = new SensitiveWordRequestWrapper(request, sensitiveWords);
        filterChain.doFilter(wrappedRequest, response);
    } else {
        filterChain.doFilter(request, response);
    }
}
```

（2）包装类。

SensitiveWordRequestWrapper 类扩展了 HttpServletRequestWrapper 类，用于在请求体中过滤敏感词。它捕获原始请求的输入流，替换其中的敏感词汇，并将修改后的数据提供给应用程序。这个机制确保了在处理 POST 请求时，敏感信息不会被直接暴露，代码如下：

```java
import jakarta.servlet.ReadListener;
import jakarta.servlet.ServletInputStream;
import jakarta.servlet.http.HttpServletRequest;
import jakarta.servlet.http.HttpServletRequestWrapper;
import org.slf4j.Logger;
import org.slf4j.LoggerFactory;

import java.io.ByteArrayInputStream;
import java.io.IOException;
import java.nio.charset.StandardCharsets;
import java.util.Map;

public class SensitiveWordRequestWrapper extends HttpServletRequestWrapper {
    private static final Logger logger = LoggerFactory.getLogger(SensitiveWordRequestWrapper.class);
    private final byte[] body;

    public SensitiveWordRequestWrapper(HttpServletRequest request, Map<String, String> sensitiveWords)
            throws IOException {
        super(request);
        String requestBody = new String(request.getInputStream().readAllBytes(), StandardCharsets.UTF_8);
```

```java
        logger.debug("Original request body: " + requestBody);
        for (Map.Entry<String, String> entry : sensitiveWords.entrySet()) {
            requestBody = requestBody.replaceAll(entry.getKey(), entry.getValue());
        }
        logger.debug("Modified request body: " + requestBody);
        this.body = requestBody.getBytes(StandardCharsets.UTF_8);
    }

    @Override
    public ServletInputStream getInputStream() {
        ByteArrayInputStream byteArrayInputStream = new ByteArrayInputStream(body);
        return new ServletInputStream() {
            @Override
            public int read() throws IOException {
                return byteArrayInputStream.read();
            }

            @Override
            public boolean isFinished() {
                return byteArrayInputStream.available() == 0;
            }

            @Override
            public boolean isReady() {
                return true;
            }

            @Override
            public void setReadListener(ReadListener readListener) {
                // No implementation required
            }
        };
    }
}
```

（3）注册过滤器。

将过滤器注册到 Spring Security 的过滤链中，代码如下：

```java
import com.example.example10integrated.service.UserService;
import org.springframework.beans.factory.annotation.Autowired;
import org.springframework.context.annotation.Bean;
import org.springframework.context.annotation.Configuration;
import org.springframework.context.annotation.Lazy;
import org.springframework.security.authentication.AuthenticationManager;
import org.springframework.security.authentication.dao.DaoAuthenticationProvider;
import org.springframework.security.config.annotation.authentication.configuration.AuthenticationConfiguration;
import org.springframework.security.config.annotation.method.configuration.EnableGlobalMethodSecurity;
import org.springframework.security.config.annotation.web.builders.HttpSecurity;
import org.springframework.security.config.http.SessionCreationPolicy;
```

```java
import org.springframework.security.crypto.bcrypt.BCryptPasswordEncoder;
import org.springframework.security.crypto.password.PasswordEncoder;
import org.springframework.security.web.SecurityFilterChain;
import org.springframework.security.web.authentication.UsernamePasswordAuthenticationFilter;

@Configuration
@EnableGlobalMethodSecurity(prePostEnabled = true)     // 启用方法级别的安全注解
public class SecurityConfig {
    private final UserService userService;

    @Autowired
    private JwtUtil jwtUtil;

    @Autowired
    private SensitiveWordFilter sensitiveWordFilter;
    public SecurityConfig(@Lazy UserService userService) {
        this.userService = userService;
    }

    @Bean
    public PasswordEncoder passwordEncoder() {
        return new BCryptPasswordEncoder();
    }


    @Bean
    public DaoAuthenticationProvider authenticationProvider() {
        DaoAuthenticationProvider authProvider = new DaoAuthenticationProvider();
        authProvider.setUserDetailsService(userService);
        authProvider.setPasswordEncoder(passwordEncoder());
        return authProvider;
    }

    @Bean
    public AuthenticationManager authenticationManager(AuthenticationConfiguration authConfig) throws Exception {
        return authConfig.getAuthenticationManager();
    }
    @Bean
    public SecurityFilterChain securityFilterChain(HttpSecurity http) throws Exception {

        http
                .csrf(csrf -> csrf.disable())                         // 禁用 CSRF
                .authorizeHttpRequests(auth -> auth
                        .requestMatchers("/h2-console/**").permitAll()    // 允许访问 H2 控制台
                        .requestMatchers("/api/register", "/api/login").permitAll()
                        .anyRequest().authenticated()
                )
```

```
                .addFilter(new JwtAuthenticationFilter(authenticationManager(http.getSharedObject
(AuthenticationConfiguration.class)), jwtUtil,userService))
                .addFilterBefore(sensitiveWordFilter, UsernamePasswordAuthenticationFilter.class)
                .securityContext((securityContext) -> securityContext
                        .requireExplicitSave(false)        // 默认策略为自动保存
                )
                .sessionManagement((sessionManagement) -> sessionManagement
                        .sessionCreationPolicy(SessionCreationPolicy.STATELESS)
                );

        http.headers(headers -> headers.frameOptions(frameOptions -> frameOptions.sameOrigin()));
        return http.build();
    }

}
```

前端代码见项目配套代码(具体路径见 chapter10\integrated\v4\example10-integrated-frontend 文件夹)。读者可以在 ChatGPT 等 AI 工具的帮助下,自己设计喜欢的前端界面。

分别运行前端和后端项目,在浏览器中访问 http://localhost:8081,注册登录成功之后,进入博客列表界面,单击"新建博客"按钮,进入新建博客界面,发送含敏感词的博客,如图 10-12 所示。

单击"新建博客"按钮,成功新建博客,回到博客列表界面,如图 10-13 所示。新建博客中的敏感词被成功替换。

图 10-12 发送含敏感词的博客

图 10-13 博客列表界面

10.3.3 案例总结

敏捷开发方法为团队在快速变化的需求面前提供了强大的适应能力,确保了项目的灵活性和可交付性。本章重点介绍了敏捷开发的基本理念,包括迭代开发和用户故事等关键概念,但并未深入探讨具体的工具和团队协作策略。在实际工作中,团队可以采用敏捷看板、持续集成工具、自动化测试框架等工具来提升工作效率和团队协作。

习题 10

1. 敏捷开发的核心理念是(　　)。
   A. 预定义的详细需求文档　　　　　　B. 客户协作和响应变化
   C. 严格的项目计划和控制　　　　　　D. 开发前期的详尽设计
2. 在敏捷环境中,正确处理需求变更是(　　)。
   A. 尽可能地避免变更,因为会影响项目进度
   B. 鼓励变更,并在每个迭代结束时调整优先级和计划
   C. 只在项目开始时接受变更
   D. 仅在客户支付额外费用时接受变更
3. 增加用户可以上传个人头像和用户可以通过第三方登录等功能。

附 录 A

表 A.1 Spring Boot 常用注解一览表

注 解 名	作 用
@SpringBootApplication	自动配置 Spring Boot 应用,启用了组件扫描、自动配置以及标识该类作为配置类,使得快速搭建基于 Spring 的独立运行应用程序成为可能
@RestController	标记控制器类,结合了@Controller 和@ResponseBody,用于创建 RESTful API
@RequestMapping	用于处理 HTTP 请求映射,可以放在类级别或方法级别,用于制定 URL 模板
@GetMapping,@PostMapping,@PutMapping,@DeleteMapping	HTTP 方法特定的映射注解,分别对应 GET、POST、PUT、DELETE 请求
@Autowired	自动装配 Bean,Spring 会尝试找到类型匹配的 Bean 注入字段或方法参数中
@Value	用于注入配置属性值,可以从 application.properties 或 application.yml 中读取
@EnableCaching	开启缓存支持,可以使用 Spring 的缓存抽象,如 EhCache、Hazelcast 等
@Bean	标记方法,表示该方法返回的对象应该被注册为 Spring 容器中的 Bean
@Component	标记一个普通的 Spring 组件,可以被@ComponentScan 扫描并注册为 Bean
@Service	标记业务逻辑层的组件,是@Component 的特化形式
@Repository	标记服务数据访问层的组件,是@Component 的特化形式
@ControllerAdvice	用于全局异常处理,可以定义全局的异常处理器
@RequestBody	将 HTTP 请求体映射到方法参数
@ResponseBody	将方法返回值转换为 HTTP 响应体
@PathVariable	用于从 URL 路径中提取值,并将其绑定到方法参数
@RequestParam	用于从 HTTP 请求参数中获取值,并将其绑定到方法参数
@ConfigurationProperties	用于绑定配置文件中的属性到一个 Java 对象,便于管理配置
@Configuration	标记一个类作为配置类,可以包含@Bean 方法来定义 Bean
@EnableWebSecurity	开启 Spring Security 的配置

参 考 文 献

[1] Walls C. Spring Boot 实战[M]. 丁雪丰,译. 北京:电子工业出版社,2021.
[2] 李西明,陈立为. Spring Boot 3.0 开发实战[M]. 北京:清华大学出版社,2023.
[3] 范萍,丁振凡. Spring Boot 应用设计案例教程[M]. 北京:清华大学出版社,2024.
[4] 颜井赞. Spring Boot 整合开发案例实战[M]. 北京:清华大学出版社,2023.
[5] 杨开振. 深入浅出 Spring Boot 3.x[M]. 北京:人民邮电出版社,2024.
[6] 郑天民. Spring Boot 进阶:原理、实战与面试题分析[M]. 北京:机械工业出版社,2022.
[7] 张科. Spring Boot 企业级项目开发实战[M]. 北京:机械工业出版社,2022.
[8] 贾志杰. Vue+Spring Boot 前后端分离开发实战[M]. 北京:清华大学出版社,2021.
[9] 迟殿委. Spring Boot+Spring Cloud 微服务开发[M]. 北京:清华大学出版社,2021.

图书资源支持

感谢您一直以来对清华版图书的支持和爱护。为了配合本书的使用,本书提供配套的资源,有需求的读者请扫描下方的"书圈"微信公众号二维码,在图书专区下载,也可以拨打电话或发送电子邮件咨询。

如果您在使用本书的过程中遇到了什么问题,或者有相关图书出版计划,也请您发邮件告诉我们,以便我们更好地为您服务。

我们的联系方式:

清华大学出版社计算机与信息分社网站:https://www.shuimushuhui.com/

地　　址:北京市海淀区双清路学研大厦 A 座 714

邮　　编:100084

电　　话:010-83470236　010-83470237

客服邮箱:2301891038@qq.com

QQ:2301891038(请写明您的单位和姓名)

资源下载:关注公众号"书圈"下载配套资源。

书圈

清华计算机学堂

观看课程直播